イチから
はじめる

キャンバ

Canva

ビジネス活用入門

Canva Japan認定講師
山本和泉

あしたの仕事力研究所

日経BP

INDEX

はじめに

本書の特徴

本書は、オンライングラフィックツール「Canva」を、ビジネスシーンでご活用いただくための入門書です。Canva の基本操作をはじめ、SNS バナーや印刷物の制作方法、デザインテクニック、入稿データの作り方など、デザイン業務に必要な知識やノウハウをステップ・バイ・ステップで解説しています。

使用する素材について

本書では、Canva の基本操作を身に付けるために、「素材テンプレート」と「素材ファイル」を使用します。
各 Chapter の冒頭に使用する素材を記載していますので、それらをご準備いただいたうえで操作に取り組んでください。

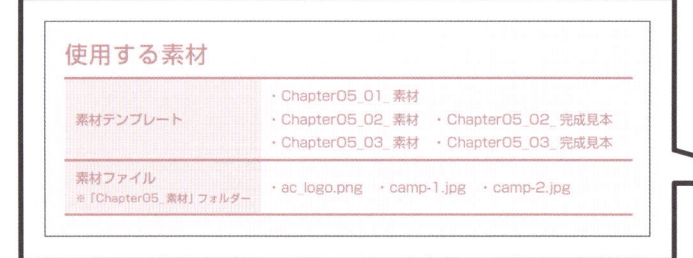

使用する素材

素材テンプレート	・Chapter05_01_ 素材	
	・Chapter05_02_ 素材	・Chapter05_02_ 完成見本
	・Chapter05_03_ 素材	・Chapter05_03_ 完成見本
素材ファイル ※「Chapter05_素材」フォルダー	・ac_logo.png ・camp-1.jpg ・camp-2.jpg	

Chapter 05
Instagram の
投稿画像を
作ってみよう

素材ファイル

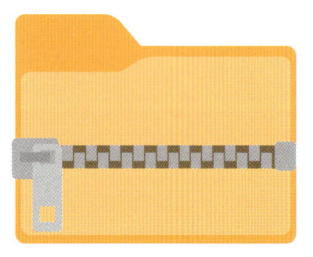

画像や各種データのファイルです。
パソコンにダウンロードします。

素材テンプレート

デザインのベースとなるテンプレートです。
ご自身の Canva アカウントにダウンロードします。

素材のダウンロード方法

各素材データは、下記のダウンロードページからダウンロードしてください。

ダウンロードページ

https://ashitanoshigotoryoku.net/canva/

パスワード：h4JbKUH2

素材ファイル
※文字をクリックするとダウンロードが開始されます。

素材ファイル

素材テンプレート
※文字をクリックするとテンプレートが表示されます。

	📄素材	🖼完成見本
Chapter 05	Chapter05_01_素材	
	Chapter05_02_素材	Chapter05_02_完成見本
	Chapter05_03_素材	Chapter05_03_完成見本

▶▶「素材テンプレート」のダウンロード方法については以下を確認

■ 素材テンプレートをダウンロードする方法

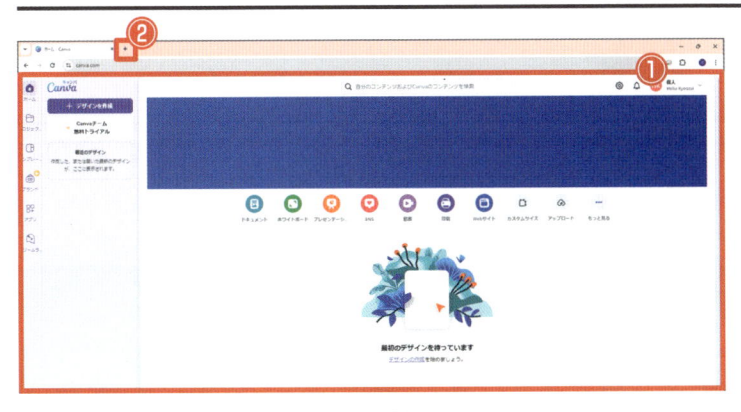

❶ Canva にログイン

素材テンプレートのダウンロードは、Canva にログインした状態で行ってください。

❷ 新しいタブを開く

③ ダウンロードページの URL を入力して「Enter」キーを押す

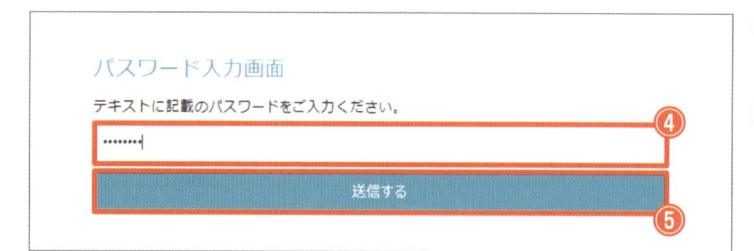

④ パスワード「h4JbKUH2」を入力

⑤ 「送信する」をクリック

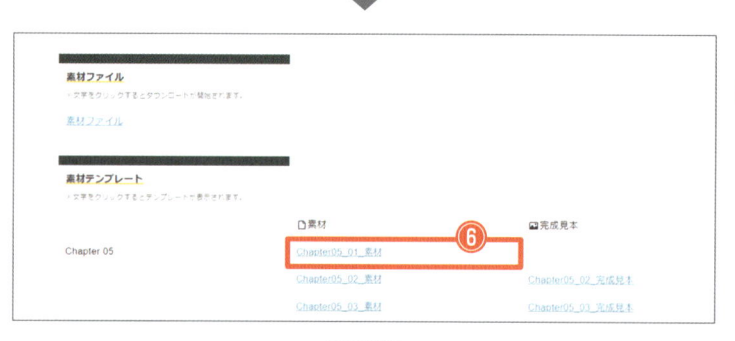

ダウンロードページが表示されます。

⑥ 使用する素材テンプレートをクリック

⑦ 「新しいデザインにテンプレートを使用」をクリック

ダウンロードしたテンプレートのエディター画面
（テンプレートを編集する画面）が表示されます。

これで、テンプレートが自分のアカウント内に保存され、
自分のものとして自由に編集できるようになります。

■ 素材テンプレートの編集を終了する方法

❶ タブを閉じる

Canva は自動保存

Canva では、編集した内容は自動で保存されます。そのため、テンプレート
の作業を終了するときは、編集画面のタブを閉じるだけで OK です。

■ 保存されているテンプレートを開く方法

編集作業を終了後、再度テンプレートの編集を行う場合は、以下の方法でテンプレートを開きましょう。

❶ 「プロジェクト」をクリック

❷ テンプレートをクリック

❸  をクリック

新しいタブでテンプレートが表示されます。

Canva をはじめよう

使用する素材

素材テンプレート	なし
素材ファイル	なし

1 Canva（キャンバ）とは

オンラインで使えるグラフィックツール

「Canva」は、ウェブブラウザーで操作するオンライングラフィックツールです。
SNS の投稿やポスター、名刺など、あらゆる種類のデザインに対応したテンプレートが豊富に
用意されており、デザイン経験のない方でも簡単にグラフィックを作成することができます。

＜ Canva で作成できるもの（例）＞

SNS の投稿画像／動画

名刺

販促物（チラシなど）

Canva の魅力

 **無料ではじめられる**

Canva は、基本的には無料で利用することができるため、誰でも手軽に始められます。

 **オンラインでいつでもどこでも編集できる**

作業はすべてオンライン上で行なうため、インターネット環境があればどこででも作業する
ことができます。

 **テンプレートや素材が豊富**

Canva の最大の魅力は、テンプレートや素材の豊富さです。イメージに合うものを選んで文字や
画像を変更するだけで、簡単にデザイン性の高いグラフィックを作成することができます。

> Canva を使うと、これまではプロのデザイナーに依頼していたデザイン作業を、誰もが自分自身で
> 行えるようになるため、時間と費用の節約につながります。
> これが、ビジネスユーザーに広く利用されている大きな理由です。

有料版と無料版について

仕事で使うなら有料版がおすすめ！

Canva には、有料版と無料版があります。無料版は、利用できるテンプレートや素材に制限があるため、仕事で利用する場合は有料版を契約するのがおすすめです。

	無料版	有料版
テンプレート	100 万点以上	無制限
写真・素材・動画・音楽など	300 万点以上	1 億以上
ストレージ（保存可能な容量）	5GB	1TB
フォント	1000 種類以上	無制限 + オリジナルフォントのアップロード
費用	無料	1,180 円 / 月

※ 2024 年 10 月現在

有料版の Canva については、「Chapter06」で詳しく解説します！

ライセンスについての注意

Canva 内にある画像、フォント、テンプレートなどの素材は商用利用が可能ですが、以下の用途で使用することはできません。

 Canva の素材（写真・音楽・動画など）を無加工の状態で販売、再配布を行う

 Canva で作成したデザインを使って商標登録をする

 Canva の素材をストックフォトサービスなどのサイトで販売する

情報セキュリティについての注意

● アカウントを複数人で使い回さない

アカウント情報やパスワード情報を複数人で使い回すと、情報漏洩のリスクが高まります。

● 公共の場での作業に注意

カフェなどの公共の場で作業をすると、まわりに作業内容が見られてしまうことがあります。機密情報を扱う場合は外で作業しない、パソコンを開いたまま席を外さないなど、作業する場所には十分に注意しましょう。

● 業務終了後は毎回ログアウトする

ログインしたままの状態で業務を終了すると、情報漏洩のリスクが高まります。仕事で Canva を使う場合は、業務終了後のログアウトを徹底しましょう。

ただし、会社に自分専用のパソコンがある場合は、ログアウトせずに使う方が効率的な面もあります。そういった使い方をしたい場合は、上長などに相談し、会社のルールに従って使用するようにしましょう。

Canva を使用する端末について

デザイン作業にはパソコンがおすすめ

Canva は、パソコンだけではなく、スマートフォン（スマホ）やタブレットのアプリでも作業ができます。しかし、スマホやタブレットは画面が小さいため、デザイン作業には向いていません。

デザイン作業はパソコンの大きな画面で行い、スマホやタブレットは完成したデザインの確認などに使用するのがおすすめです。

パソコン
▼
デザインの作成や素材の管理

スマホ・タブレット
▼
完成したデザインの確認
（SNS で実際にどう見えるかなど）

2 Canva をはじめる準備

Canva をはじめるために必要なもの

パソコン
グラフィックの作成は
パソコンを使って行います。

インターネット環境
Canva はオンラインで作業するため、
インターネット環境が必要です。

メールアドレス
アカウントの登録に
使用します。

アカウント取得のポイント

● ソーシャルアカウントでログインしない

Canva のアカウント取得には、「メールアドレス
を使う方法」と、Google や Facebook などの
「ソーシャルアカウントを使う方法」があります。
ソーシャルアカウントを使ったログインは、
セキュリティ上のリスクが伴います。**仕事で
Canva を使う場合は、メールアドレスで登録**
するようにしましょう。

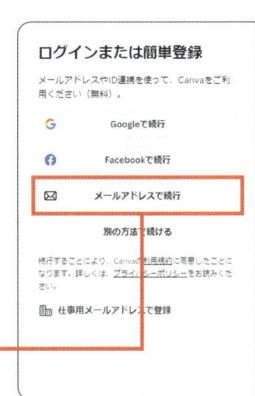

こちらを選択

● 仕事用のメールアドレスを使う

仕事で Canva を使う場合は、プライベート用のメールアドレスではなく、仕事用のメールアドレスを使って
アカウントを取得するようにしましょう。こうすることで、退職や部署移動などで Canva での作業を離れ
なければいけなくなった場合に、スムーズに業務を引き継ぐことができます。
また、企業に所属していない場合でも、仕事で使用する専用のメールアドレスを取得しておくとよいでしょう。

Canva へのログイン／ログアウト

Canva へのログイン／ログアウトは、以下の操作で行います。

🖱 操作　Canva にログインする

① Canva のトップページを
表示

> Canva のトップページ
> https://www.canva.com/

② 「ログイン」をクリック

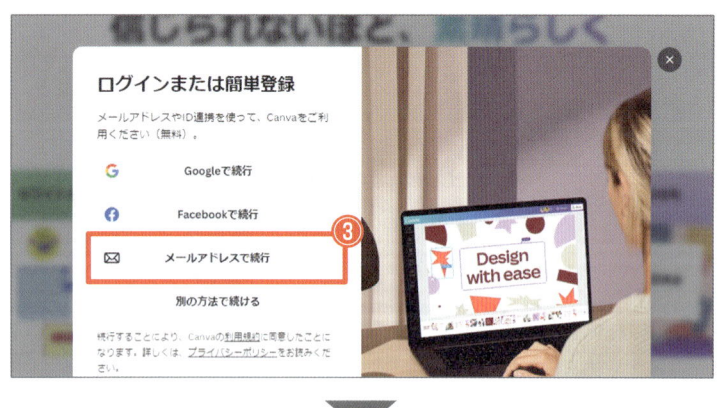

③ 「メールアドレスで続行」を
クリック

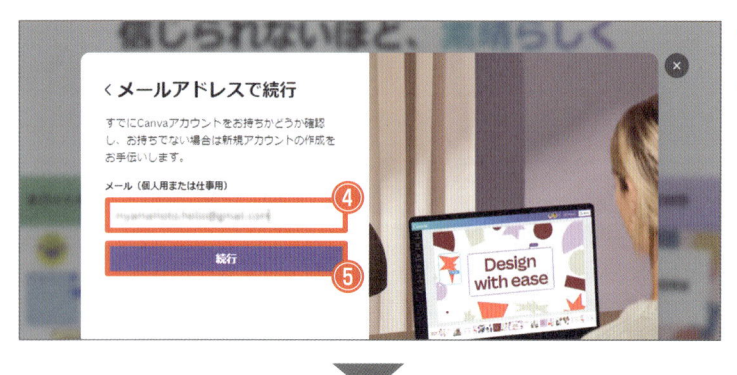

④ メールアドレスを入力

⑤ 「続行」をクリック

❻ コードを入力

④で入力したメールアドレス宛てに送られたコードを入力しましょう。

🖱 **操作** **Canva からログアウトする**

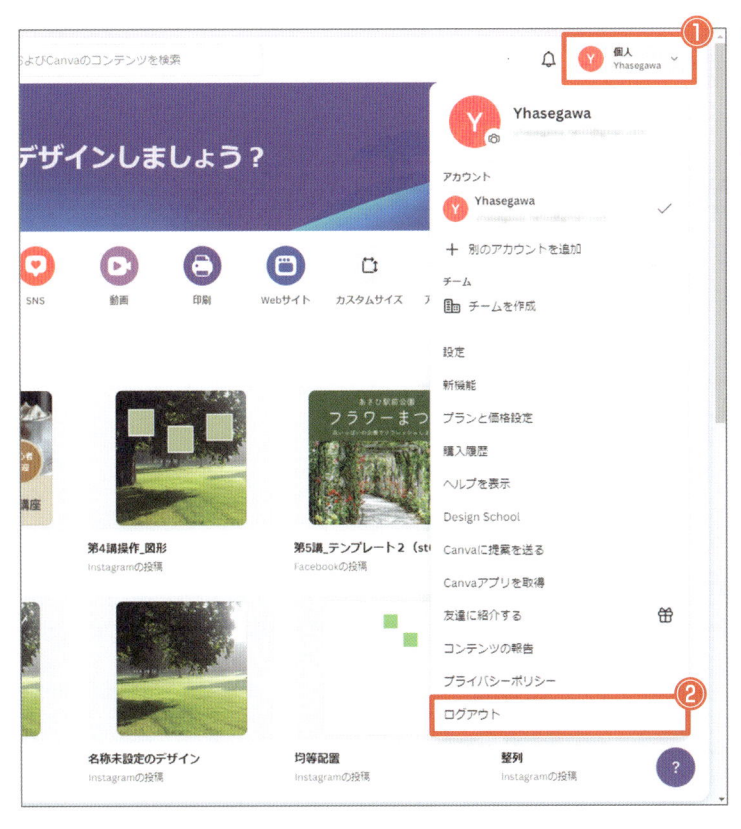

❶ アカウント情報をクリック

名前の頭文字が表示されたボタンをクリックします。

❷ 「ログアウト」をクリック

③ テンプレートの探し方

テンプレートとは、デザインの基本的なレイアウトや色使いがあらかじめ設定された「ひな型」となるデータです。

Canva には、様々な目的に対応した豊富なテンプレートが用意されています。

このテンプレートを利用することで、誰でも簡単にデザイン性の高いグラフィックが作成できるようになります。

テンプレートを見てみよう

Canva に用意されているテンプレートを見てみましょう。

テンプレートを使うときは、以下の流れで操作を行います。

🖱 操作　テンプレートを探す

❶ 「テンプレート」をクリック

❷ 目的のカテゴリー（用途）をクリック

ここでは「テンプレート」→「SNS」→「Instagram の投稿」をクリックし、カテゴリーを絞り込んでいきます。

❸ 一覧からテンプレートを探す

🖱 操作　テンプレートを開く

❶ 目的のテンプレートを
クリック

❷「このテンプレートをカスタ
マイズ」をクリック

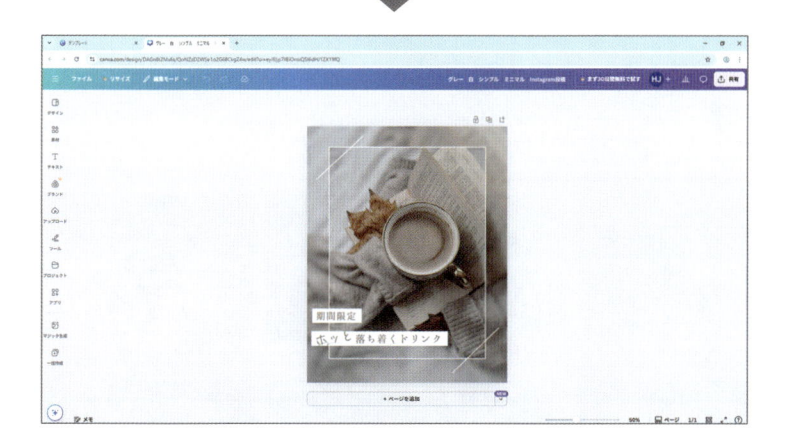

エディター画面（テンプレートを編集する
画面）が新しいタブで開きます。

タブを閉じて作業を終了

テンプレートの作業を終了するときは、
編集画面のタブを閉じましょう。
※ 編集内容は自動で保存されます。

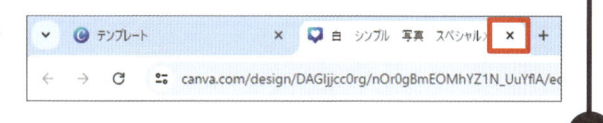

マークは有料版でのみ利用可能

Canvaに用意されているテンプレートや画像、素材には、有料版でのみ利用できるものがあります。
有料版のものには、サムネイルにマークが付いています。

> 無料版でも、開いて確認することは可能です。いろんなテンプレートを見てみましょう。

フィルターでテンプレートを絞り込む

テンプレートの一覧の上部にあるフィルター機能を使うと、表示するテンプレートをスタイル（「シンプル」「エレガント」など）やテーマで絞り込むことができます。

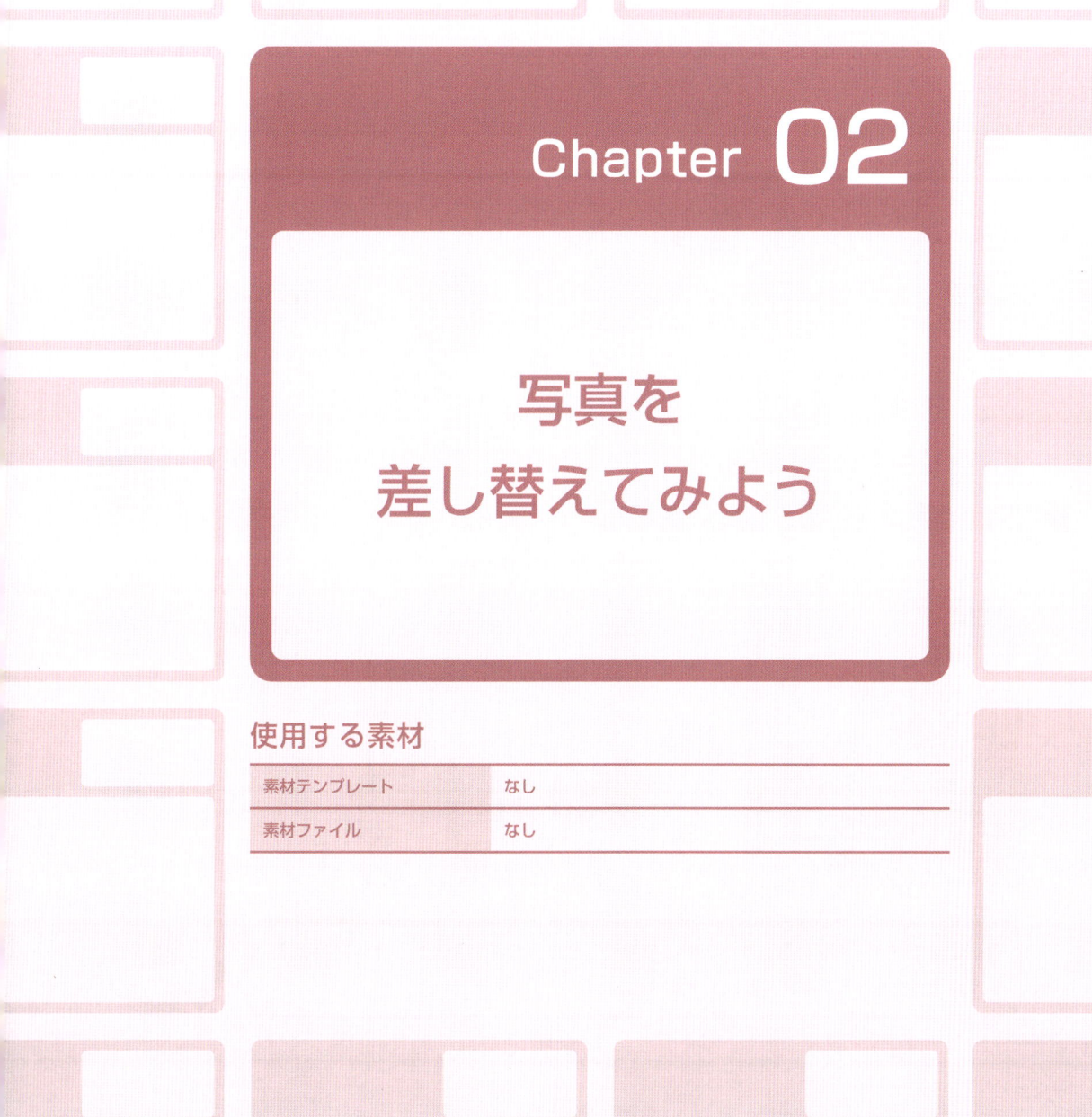

Chapter 02

写真を
差し替えてみよう

使用する素材

素材テンプレート	なし
素材ファイル	なし

 制作の流れを理解する

Canva を使ってデザイン制作を始める前に、全体的な制作の流れを確認しましょう。

制作の基本的な流れ

■ Step1：テンプレートを選ぶ

Canva に用意されているテンプレートの中から、目的に合うものを選びます。

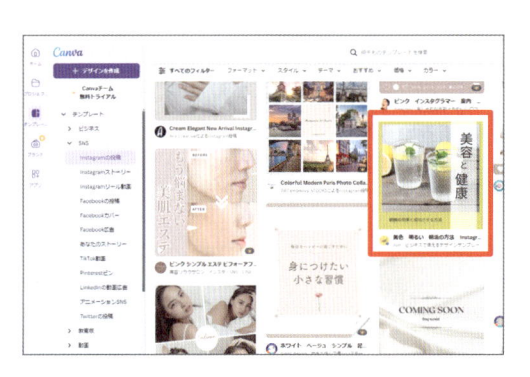  

■ Step2：写真を差し替える

テンプレートにあらかじめ配置されている写真を、使用したい写真に差し替えます。

後の工程で行う「文字の色」や「図形の位置」などは、写真を基準にして設定します。まずは使用する写真を最初に設定しましょう。

■ Step3：文字を差し替える

テンプレートの文字を差し替えます。必要に応じて、文字の色やフォントも変更します。

■ Step4：図形や背景を調整する

必要に応じて、図形の配置や背景の色の調整を行います。

Step3 ～ 4 の工程をくり返して仕上げていく

実際に作成するときは、図形を配置した後に再度文字の色を修正するなど、
Step3 ～ 4 の工程を行ったり来たりしながらデザインを仕上げていきます。

■ Step5：デザインをダウンロードする

完成したデザインを、目的に応じた形式（PNG、PDF など）のファイル
としてダウンロードします。

2 素材写真に差し替える

Canva に用意されている写真を使う

Canva には、300万点以上の写真とグラフィックが素材として用意されています。
自分で写真を用意できないときは、Canva の素材写真を大いに活用しましょう。

素材写真に差し替える方法

Canva に用意されている素材写真を使用するには、以下の流れで操作を行います。

■ Step1：「検索」で写真を探す

「素材」メニューから、検索ボックスを使って
目的の素材写真を探します。

「素材」メニュー

検索ボックス

🖱 操作　素材写真を探す

❶ 「素材」をクリック

❷ 検索ボックスにキーワードを
　入力し、「Enter」キーを押す

❸ 「写真」をクリック

④ 検索結果から写真を探す

■ Step2：写真を差し替える

目的の写真を、テンプレートの写真に重ねるようにドラッグ＆ドロップします。

※ 検索結果の素材写真をクリックすると、テンプレートの写真とは別に、新たに写真が追加されます。
　テンプレート内の写真を差し替えたい場合は、下記のようにドラッグ＆ドロップで操作をしましょう。

🖱 操作　写真を差し替える

① 使用する写真をテンプレートの写真の上にドラッグ

※ 対象をクリックし、マウスのボタンを押したまま動かす操作を「ドラッグ」といいます。

② 写真が変わったらドロップ

※ 目的の場所までドラッグした後、マウスのボタンを離して配置する操作を「ドロップ」といいます。

👑マーク（有料版）の写真について

無料版で Canva を利用している場合、👑マーク（有料版）が付いた写真を使用すると、右のように「Canva」と透かしが入った状態で追加されます。写真を実際に使用したい場合は、デザインのダウンロード時に写真を購入することが可能です。それにより、透かしのない状態にすることができます。

仮のデザインとして使うことは可能ですよ！

透かし文字

写真の表示範囲を変更する（トリミング）

差し替えた写真は、表示する範囲を調整することができます。

○をドラッグ（サイズの調整）

写真をドラッグ（表示範囲の調整）

編集した内容を元に戻す

次のいずれかの方法で、編集した内容を1つ前の状態に戻すことができます。

・編集画面の上部にある⤺をクリック
・「Ctrl」キー＋「Z」キーを押す

3 自分の写真に差し替える

自分で用意した写真を Canva で使う

制作物には、自分で撮影した写真や会社が所有している写真を使うことがあります。
ここでは、そういった自分で用意した写真を Canva で使用する方法について確認します。

自分の写真に差し替える方法

自分で用意した写真を使用するには、下記の流れで操作を行います。

■ Step1：使う写真をパソコンに準備する

制作物に使う写真ファイルを、パソコン内に保存
しておきます。

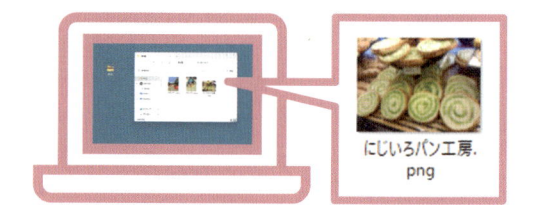

■ Step2：写真をアップロードする

「アップロード」メニューを表示し、アップロードボタンから写真をアップロードします。

🖱 操作　写真をアップロードする

Chapter 02

❶ 「アップロード」をクリック

❷ 「ファイルをアップロード」
をクリック

❸ 使用する写真を選択

❹ 「開く」をクリック

アップロードの一覧に追加されます。

■ Step3：写真を差し替える

目的の写真をドラッグ＆ドロップし、テンプレートの写真と差し替えます。

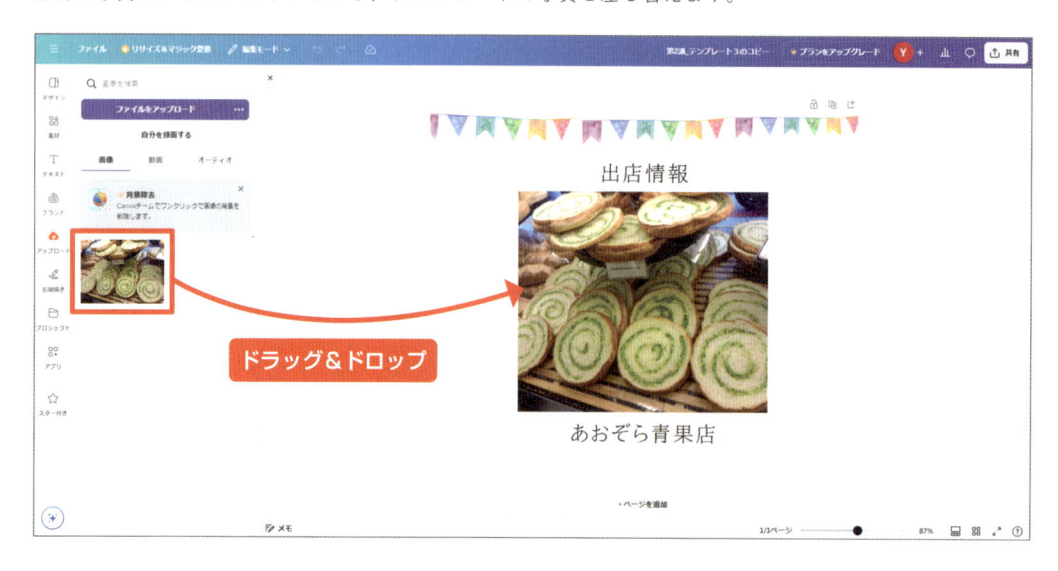

著作権について

他人が撮影した写真、描いたイラストは、無断で使用しない！

著作権とは、写真やイラスト、文章などを作成した人に
与えられる権利のことで、創作的に表現したもの（著作物）
を勝手に利用されないように保護するためのものです。
著作権は、著作物を作った時点で自動的に発生します。

> **著作権に注意が必要なもの（例）**
> ・インターネットからダウンロードした写真やイラスト、動画
> ・印刷物をスキャンした画像
> ・知り合いが撮影した写真や動画、描いたイラスト
> ・子どもが描いたらくがき

著作権があるものを無断で使用することは、著作権法に違反する行為です。Canvaで写真やイラストを使用
するときは、必ず著作者に確認し、使用の許可を得るようにしましょう。

> 著作権の侵害は、会社の信頼を大きく損ねる行為です。
> 写真を無断で使っていることがSNSで拡散されて大炎上…という事態にもなりかねません！
> 著作物の扱いについては、細心の注意を払いましょう。

Chapter 03

文字を
入力してみよう

使用する素材

素材テンプレート	なし
素材ファイル	なし

1 テキストボックスの操作方法

テキストボックス … 文字を編集する場所

テキストボックスとは、文字を扱うエリアのことです。Canva で文字を配置するには、テキストボックスを配置し、そこに文字を入れる必要があります。
テキストボックスを選択すると枠が表示され、この中の文字を編集することができます。

テキストボックス

テキストボックスの選択方法について

テキストボックスには、以下の 2 つの選択方法があります。行いたい操作に合わせて使い分けましょう。

● テキストボックスの選択

文字をクリックすると枠が表示されます。これが、テキストボックス自体を選択している状態です。テキストボックスを移動したり、文字の書式をまとめて変更したりする際に使います。

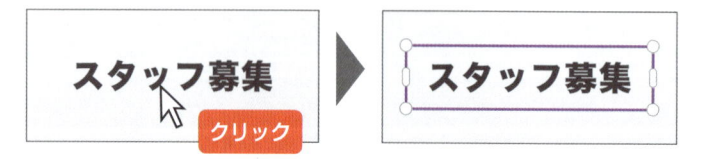

● 文字の選択

テキストボックスを選択した状態でもう一度クリックすると、テキストボックス内の文字を選択した状態になります。その状態で再度クリックするとカーソルが表示され、文字を部分的に編集できるようになります。
※ テキストボックスをクリックするとすぐにカーソルが表示される場合もあります。

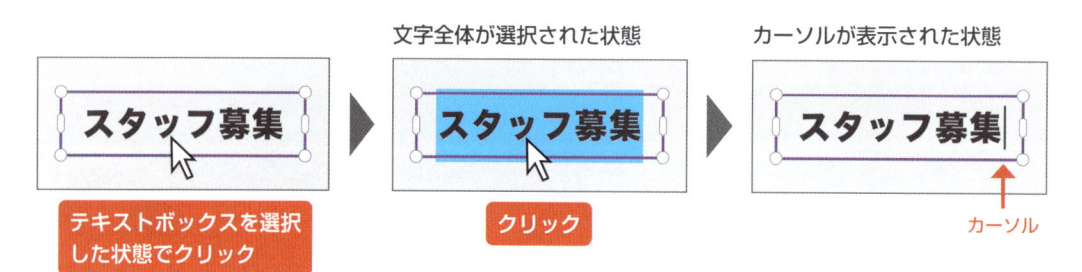

文字の差し替え

カーソルを表示して文字を編集

テキストボックス内にカーソルを表示し、文字を編集します。

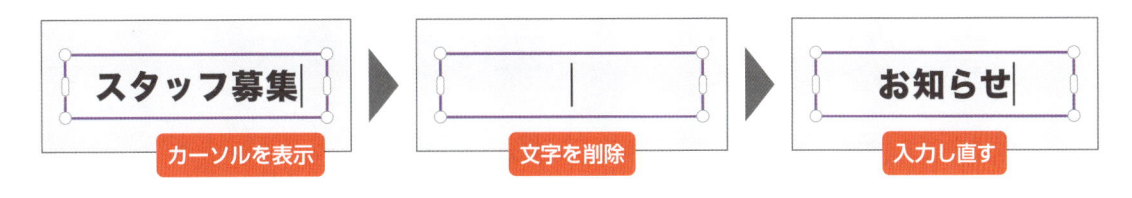

テキストボックスの移動

テキストボックスを選択した状態でドラッグする

文字が選択された状態やカーソルが表示された状態では、テキストボックスを移動することはできません。テキストボックスの移動は、テキストボックスそのものが選択された状態で行いましょう。

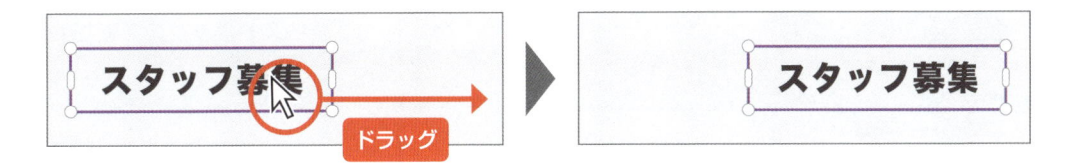

テキストボックスの削除

テキストボックスを選択した状態で「Delete」キーを押す

テキストボックスを選択した状態で「Delete」キーを押すと、テキストボックスを削除することができます。

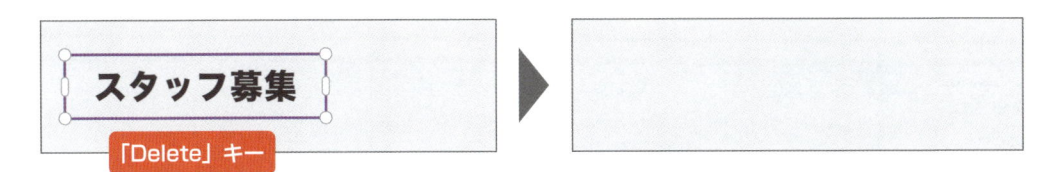

カーソルが表示された状態で行うと、テキストボックス内の文字だけが削除されるので注意しましょう。

テキストボックスの追加

「テキストボックスを追加」ボタンをクリック

編集画面左側の「テキスト」メニューにある「テキストボックスを追加」ボタンをクリックすると、テキストボックスを追加することができます。

Chapter 03

「テキスト」メニュー

追加ボタン

🖱 操作　テキストボックスを追加する

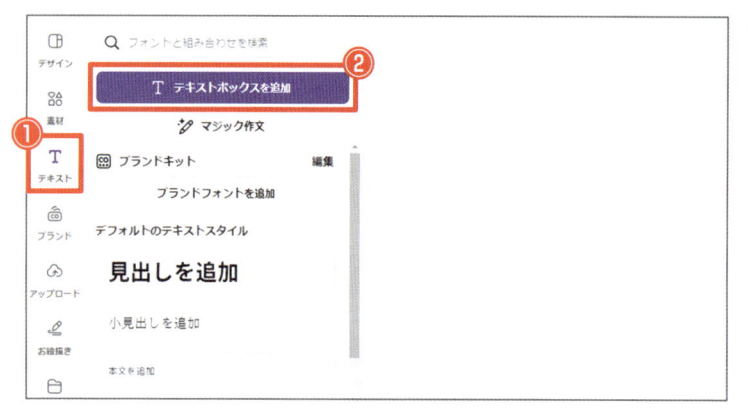

❶ 「テキスト」をクリック

❷ 「テキストボックスを追加」をクリック

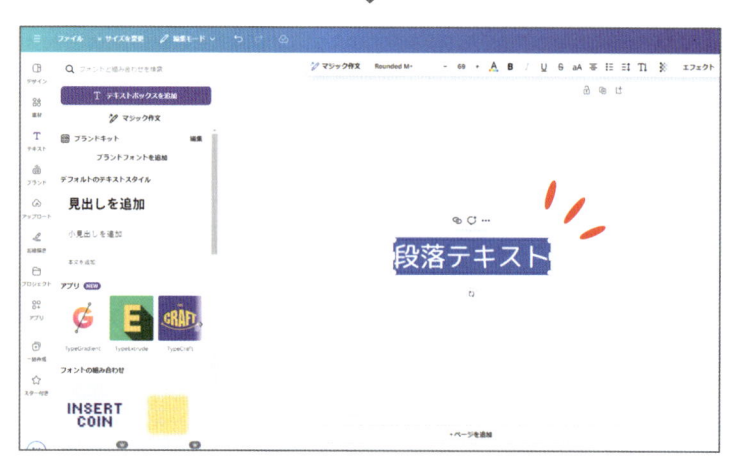

テキストボックスが挿入されます。
※「段落テキスト」という文字が仮に入力されています。

テキストボックスのサイズ変更

左右にある ▯ をドラッグ

テキストボックスの左右にある ▯ をドラッグすると、テキストボックスの幅を調整することができます。

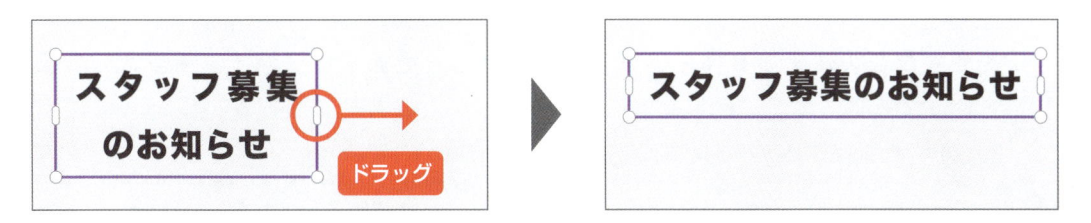

上記のように、折り返された文字列を 1 行にしたい場合などに使用しましょう。

テキストボックスの回転

↻ をドラッグ

テキストボックスの下部にある ↻ をドラッグすると、テキストボックスを回転することができます。
※ テキストボックスの左側または右側に ↻ が表示されることもあります。

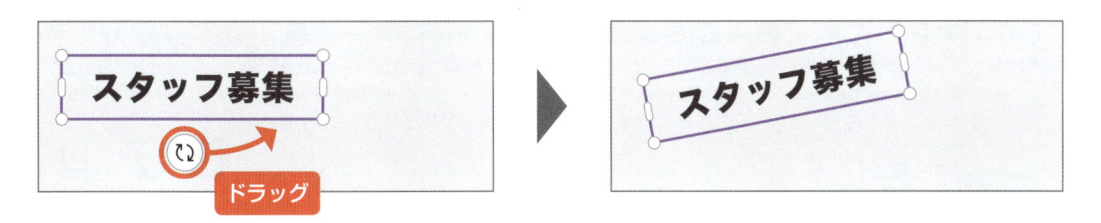

② 文字の編集

テキストボックスを選択 → 編集メニューで文字を装飾

フォントや色、配置の変更などは、テキストボックスを選択した状態で、画面上部の編集メニューを使って行います。

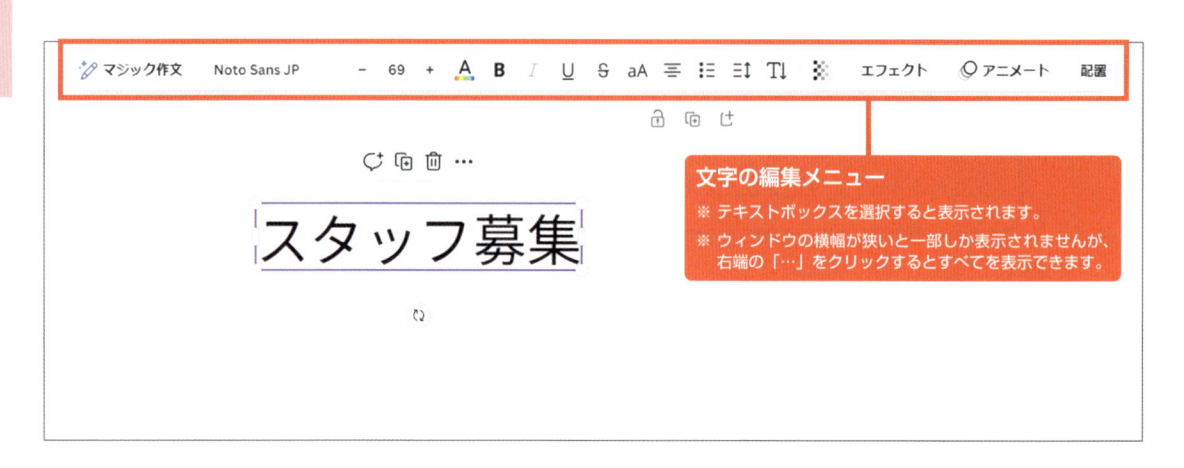

文字の編集メニュー
※ テキストボックスを選択すると表示されます。
※ ウィンドウの横幅が狭いと一部しか表示されませんが、右端の「…」をクリックするとすべて表示できます。

文字のスタイル

右に示した3つのボタンを使うと、それぞれ文字を「太字」「斜体」「下線付き」に変更することができます。
※ 下記は **B**（太字）を設定した例

スタッフ募集 ▶ **スタッフ募集**

 日本語フォントでは、左のようにボタンがグレーアウトして設定できない場合があります。
※ 日本語フォントと欧文フォントの違いについては P.40 参照

文字の配置

右のボタンを使うと、テキストボックス内の文字の配置を変更することができます。クリックするごとに「右揃え」「中央揃え」「左揃え」「両端揃え」の4種類を順番に切り替えられます。

※ 下記は 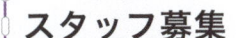（右揃え）を設定した例

文字のサイズ

文字のサイズは、右のボタンを使って変更します。
変更方法には、以下の3つの方法があります。

● 「−」「＋」をクリック

「−」をクリックすると文字が小さくなり、「＋」をクリックすると文字が大きくなります。

● テキストボックスの○をドラッグ

テキストボックスの四隅にある○をドラッグすると、テキストボックスのサイズと一緒に文字のサイズが変わります。

● ポイント数を指定

数字をクリックしてポイント数（大きさを表す単位）を表示し、その中からポイント数を指定します。

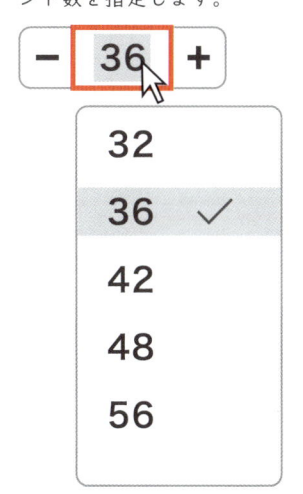

文字の色

文字の色は、右のボタンを使って変更します。

🖱 操作　文字の色を変更する

① テキストボックスを選択

② A をクリック

③ 色をクリック

✏ 色のカテゴリーについて

文字の色を設定するメニューには、基本的な色以外に「文書で使用中のカラー」や「写真の色」というものがあります。
それぞれがどういうものかを理解しておきましょう。

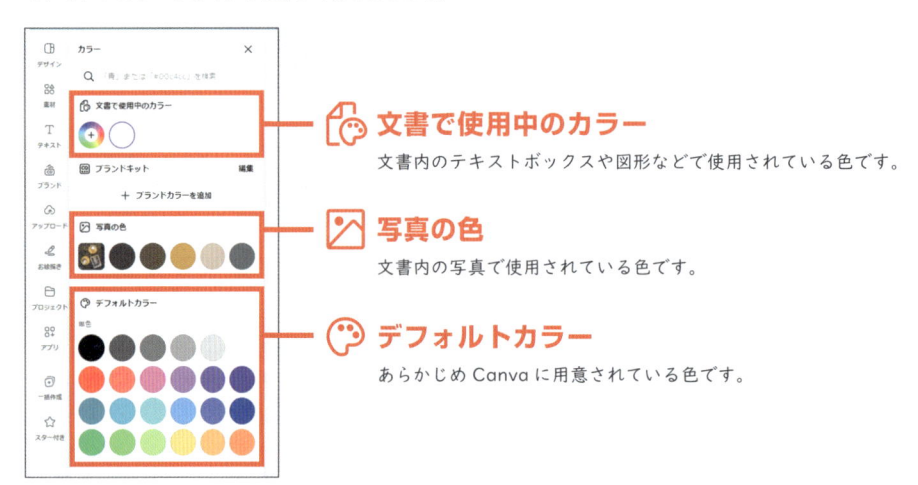

🎨 **文書で使用中のカラー**

文書内のテキストボックスや図形などで使用されている色です。

🖼 **写真の色**

文書内の写真で使用されている色です。

🎨 **デフォルトカラー**

あらかじめ Canva に用意されている色です。

フォント

フォントは、フォント名が表示されている右のボタンを使って変更します。
※ 表示されているフォント名は、テキストボックスにより異なります。

Noto Sans JP

スタッフ募集 ▶ スタッフ募集

操作　フォントを変更する

 ▶

① テキストボックスを選択
② [Noto Sans JP] をクリック
③ 利用するフォントをクリック

太さを指定できるフォントもある

一部のフォントには、太さを指定できる
ものがあります。
フォント名の左側にある「>」をクリック
すると、様々な太さのものが表示され、
その中から好みの太さを選ぶことができ
ます。

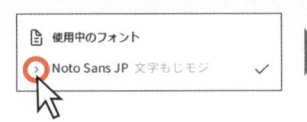

♛マークは有料版でのみ利用可能

Canva に用意されているフォントには、有料版でのみ利用できるものが
あります。
有料版のものには、フォント名に♛マークが付いています。

③ 文字のデザインに関するヒント

文字のデザインを考えるときは、以下の 3 つの「揃える」を意識しましょう。

> ★ 色を揃える
> ★ フォントを揃える
> ★ サイズは「大」「中」「小」の 3 種類で揃える

★ 色を揃える

テキストボックスごとに様々な色を設定すると、統一感がなく下品な印象になってしまいます。
文字に使用する色は、できれば 1 色、多くても 2 色までにしておきましょう。

色がゴチャゴチャで下品 …

1 つの色で統一♪

 色選びに迷ったら「写真の色」を使おう！

文字の色に迷ったときは、「写真の色」を使うのが
おすすめです。
写真に含まれている色を文字に使うことで、全体
のデザインに統一感が出ます。

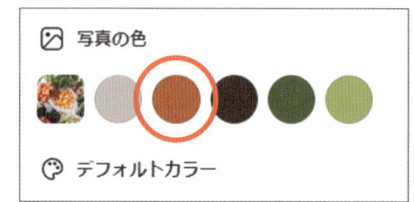

★ フォントを揃える

1つの文書の中にたくさんのフォントを使うと、デザインに統一感がなく見栄えが悪くなってしまいます。使うフォントはできるだけ1種類にしておきましょう。

デザインがバラバラでダサい …

スッキリと洗練されたデザイン♪

迷ったときのおすすめフォント

以下は、デザイナーでもある著者がおすすめするフォントです。
フォント選びに迷ったときは、この中から選びましょう。

● **かたい印象のデザインにおすすめ**
（ビジネス文書など）

> Noto Sans JP
> 夏休みにビーチで遊ぶ
>
> Zen角ゴシックNEW
> 夏休みにビーチで遊ぶ
>
> 源暎ゴシック
> 夏休みにビーチで遊ぶ

● **やわらかい印象のデザインにおすすめ**
（女性向けの告知など）

> Zen Maru Gothic
> 夏休みにビーチで遊ぶ
>
> 源泉丸ゴシック
> 夏休みにビーチで遊ぶ
>
> つなぎゴシック
> 夏休みにビーチで遊ぶ

日本語には「日本語フォント」を使う

フォントには、日本語に対応した「日本語フォント」と、アルファベット主体の言語に対応した「欧文フォント」があります。
欧文フォントは日本語に対応していないため、日本語に欧文フォントを設定すると、PDFで書き出した際に文字化けしたり想定外のフォントになったりする場合があります。
日本語の文字には、必ず「日本語フォント」を設定するようにしましょう。

> 英語の文字が含まれたテンプレートを使った場合に起こりがちです。英語の文字を日本語に書き換えたときは、フォントが欧文フォントになっていないか必ず確認しましょう。

＜日本語フォントと欧文フォントの見分け方＞

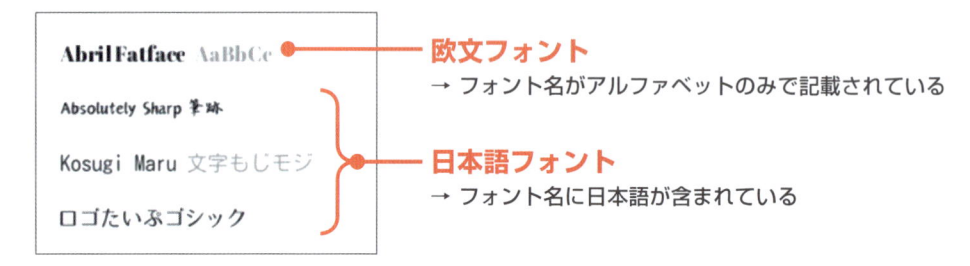

欧文フォント
→ フォント名がアルファベットのみで記載されている

日本語フォント
→ フォント名に日本語が含まれている

★ サイズは「大」「中」「小」の３種類で揃える

文字のサイズは、情報に強弱をつける重要な要素です。何も考えずにサイズを指定すると、大切な情報が埋もれてしまい、相手に伝わりにくくなってしまいます。
文字のサイズは、以下のように「大」「中」「小」の３つの大きさで揃えましょう。

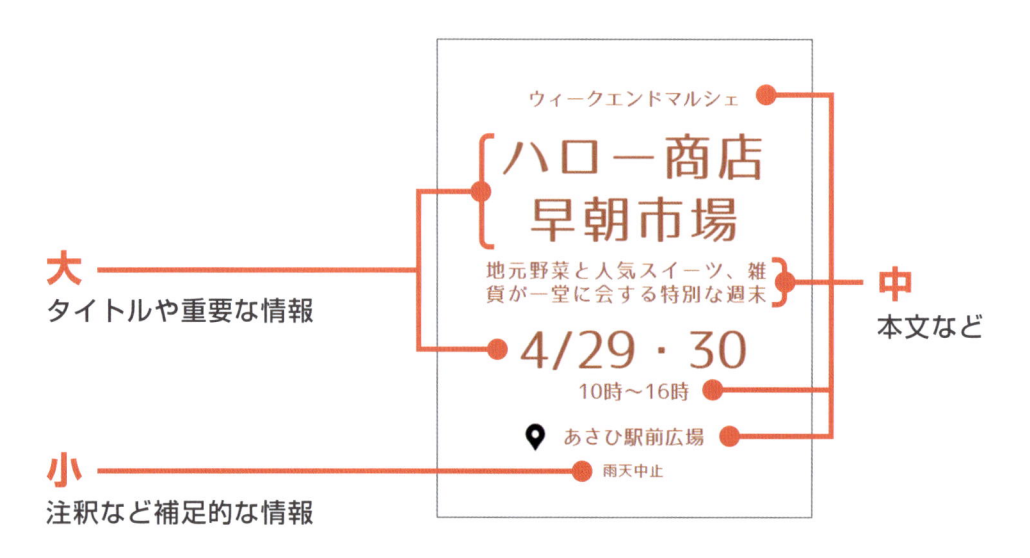

大
タイトルや重要な情報

中
本文など

小
注釈など補足的な情報

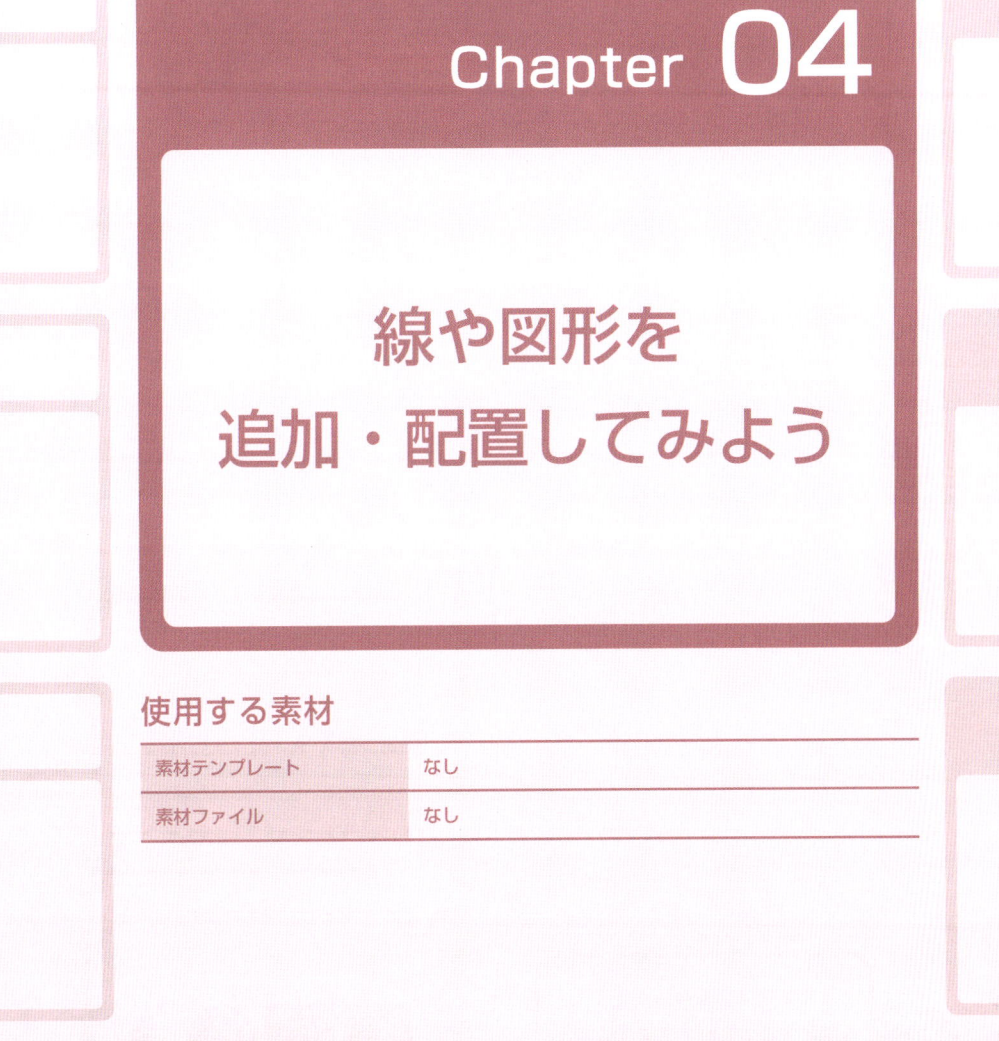

Chapter 04

線や図形を
追加・配置してみよう

使用する素材

素材テンプレート	なし
素材ファイル	なし

1 線の追加・調整

線は、情報を区切ってわかりやすくしたり、情報と情報をつなげたりと、デザインに欠かせない要素です。

ここでは、線の使い方や操作方法について解説します。

線の追加

「素材」メニューから追加する

線は、「素材」メニューから「ライン」の一覧を表示し、使用したい形状のものをクリックして追加します。

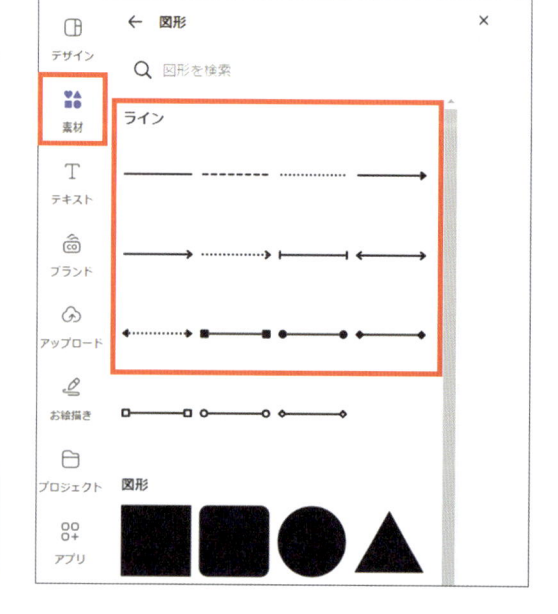

線の形状は、追加した後でも変更することができますよ！

🖱 操作　　線を追加する

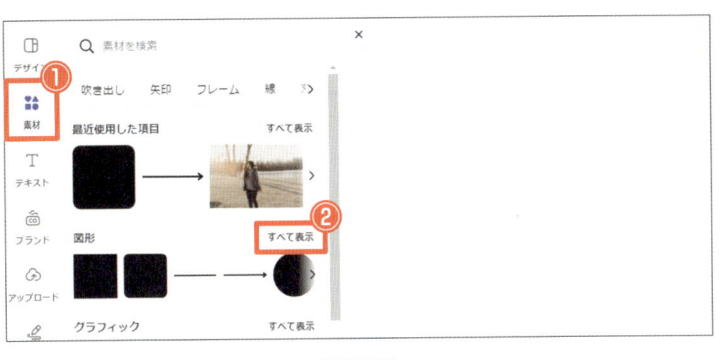

① 「素材」をクリック

② 「図形」の「すべて表示」を
　クリック

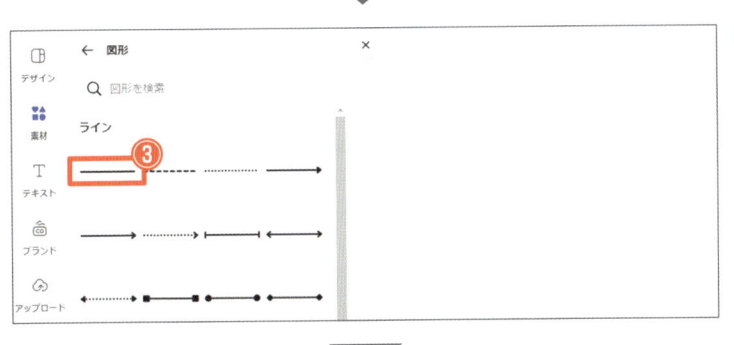

③ 追加する線をクリック

線の移動／線の長さと向きの調整

ドラッグで調整する

線は、マウスでドラッグすることで移動でき
ます。
また、両端にある○をドラッグすることで、
長さと向き（角度）を調整できます。

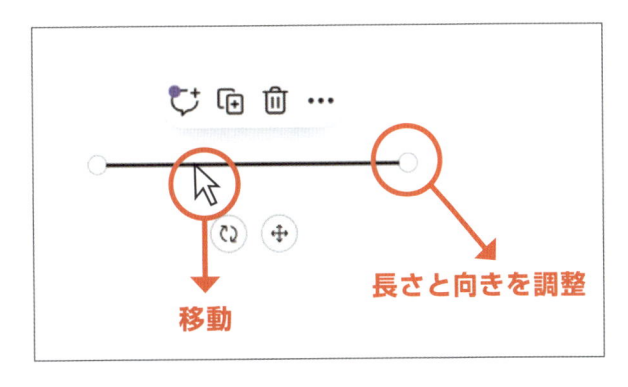

長さと向きを調整

移動

「Shift」キーを使った調整

長さと向きを調整する際に、「Shift」キーを押しながらドラッグすると、15°間隔で向きを調整することができます。

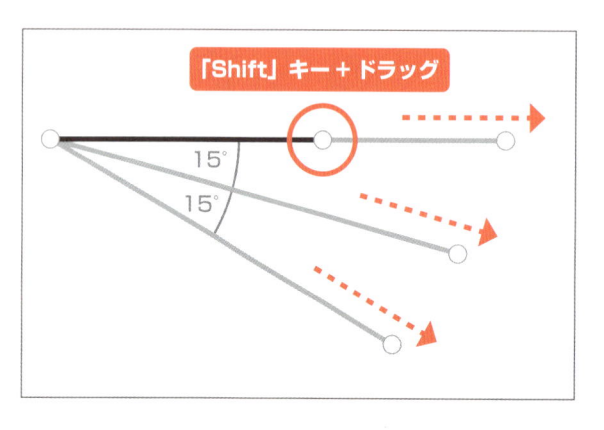

角度が固定されるので、まっすぐの方向に長さを調整したい場合などに使うと便利です。

線の色

線の色は、線を選択すると表示されるメニューの ◉ を使って変更します。

※ ボタンは、選択中の線の色で表示されます。

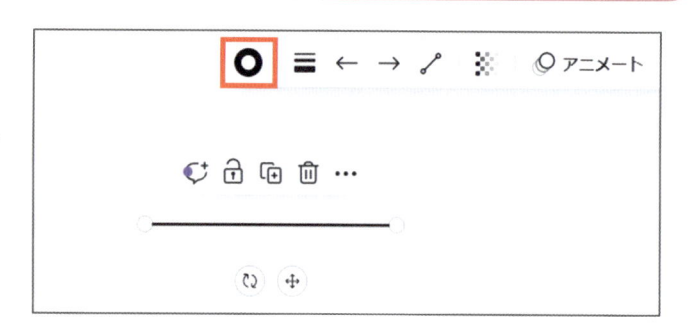

🖱 操作　線の色を変更する

❶ 線を選択

❷ ◉ をクリック

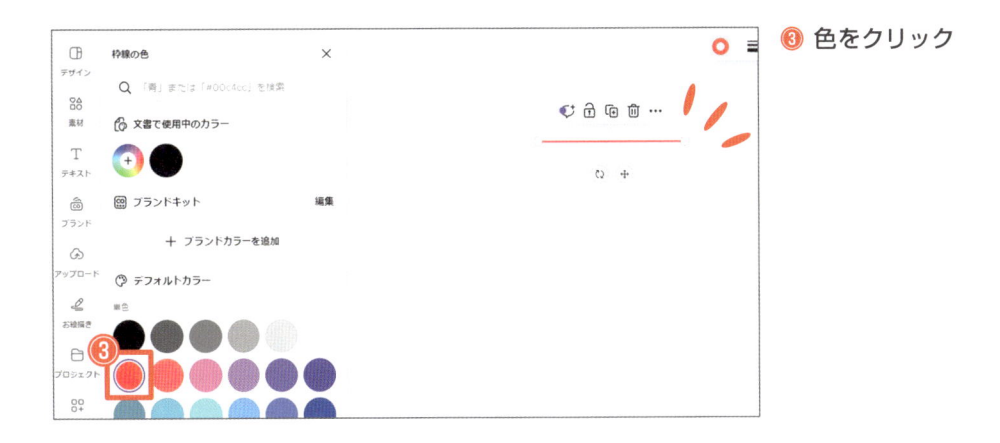

③ 色をクリック

線のスタイル（種類・太さ）

線の種類や太さは、線を選択すると表示されるメニューの ≡ を使って変更します。

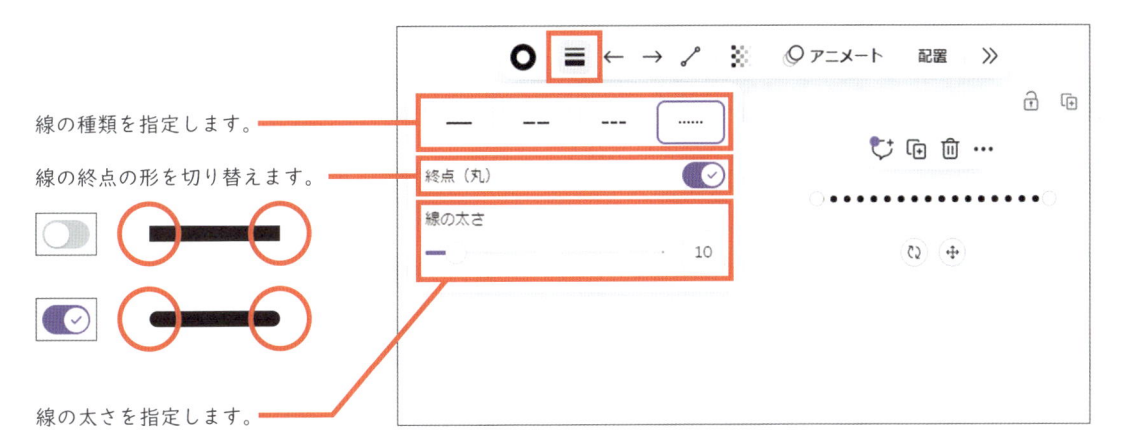

線の種類を指定します。

線の終点の形を切り替えます。

線の太さを指定します。

線先／線末尾

線先や線末尾の形状は、線を選択すると表示されるメニューの ← → を使って変更します。

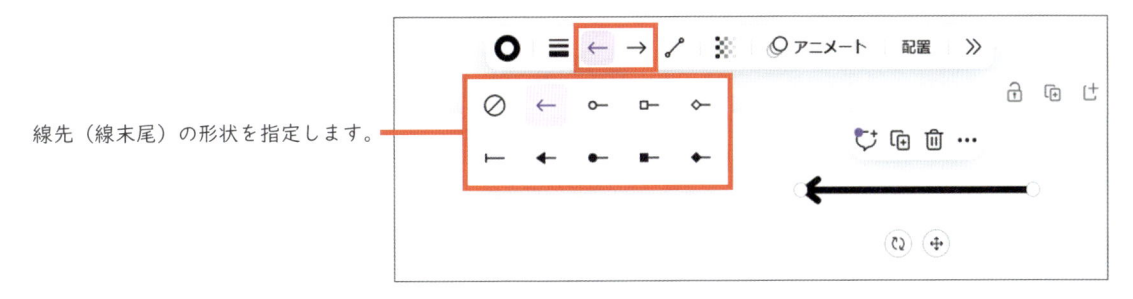

線先（線末尾）の形状を指定します。

45

ラインタイプ

ラインタイプ（線の形状）は、線を選択すると表示されるメニューの ✏ を使って変更します。

線を直線にします。

線を角がある曲線にします。

線を曲線にします。

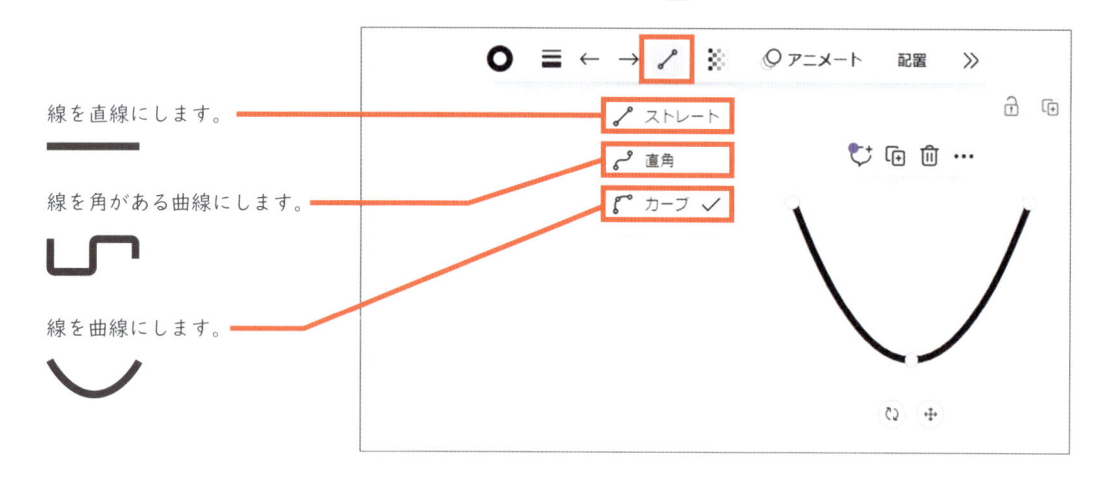

🖱 操作　ラインタイプを変更する

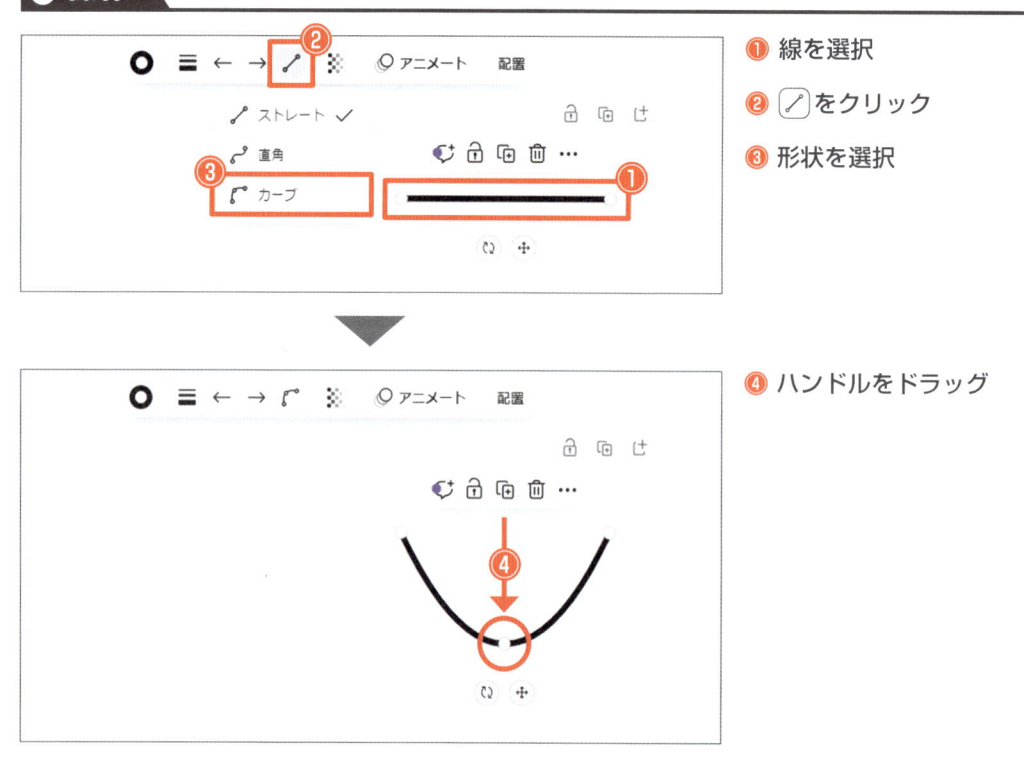

❶ 線を選択

❷ ✏ をクリック

❸ 形状を選択

❹ ハンドルをドラッグ

② 図形の追加・調整

Canvaには、様々な形の図形が用意されています。
右のように文字と組み合わせて使ったり、図形同士を組み合わせてイラストを作成したりと、その使い方は様々です。

図形は、「塗り」と「枠線」で構成されています。それぞれの色や形を編集することで、デザインの幅が広がりますよ！

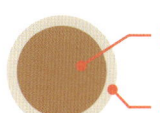

塗り：図形の内側
枠線：図形の輪郭

図形の追加

「素材」メニューから追加する

図形は、「素材」メニューから「図形」の一覧を表示し、使用したい形状のものをクリックして追加します。

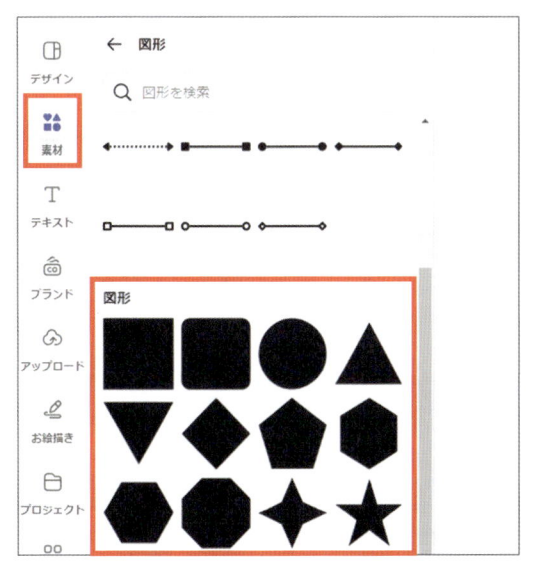

🖱 操作　　図形を追加する

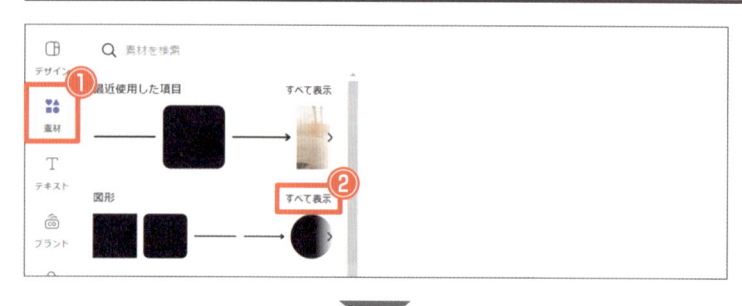

❶ 「素材」をクリック

❷ 「図形」の「すべて表示」を
クリック

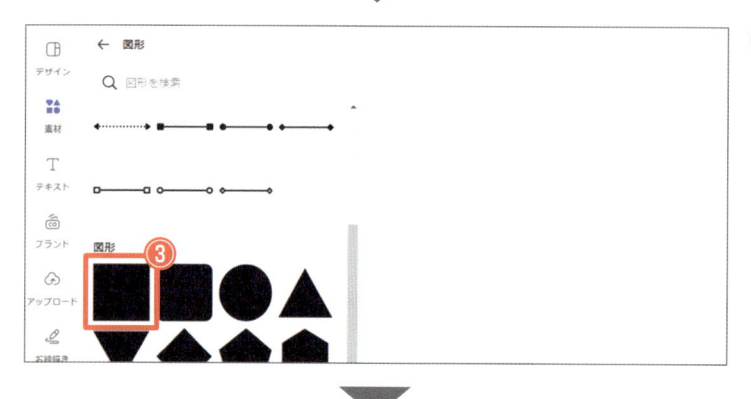

❸ 追加する図形をクリック

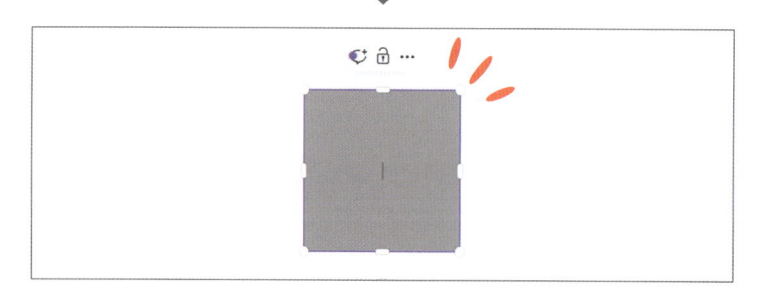

図形の移動

図形をドラッグ

図形は、マウスでドラッグすることで移動
できます。

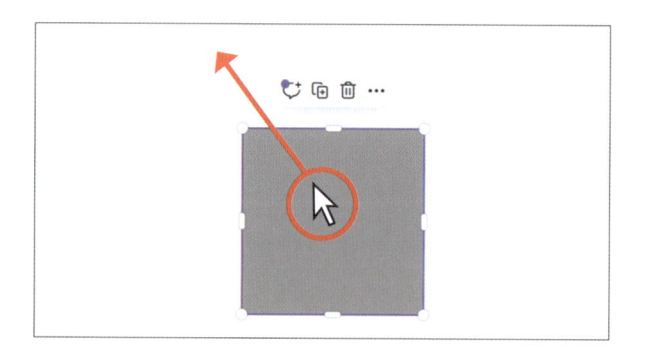

図形のサイズ変更

枠線上のハンドルをドラッグ

図形は、枠線上にある ◯ や ▯ をドラッグすることで、サイズを自由に変更できます。

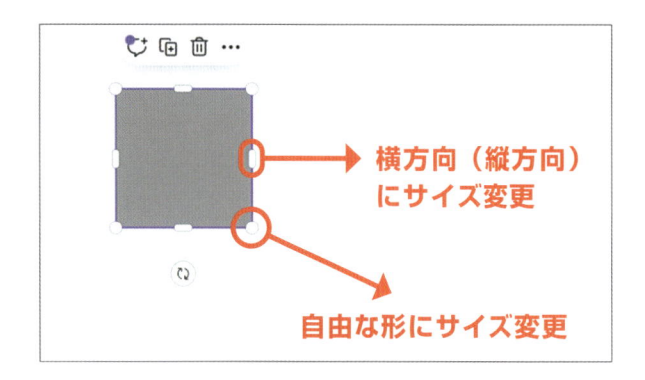

横方向（縦方向）にサイズ変更

自由な形にサイズ変更

 縦横比を保ったままサイズを変更する

「Shift」キーを押しながら ◯ をドラッグ

サイズ変更をする際、「Shift」キーを押しながら四隅の ◯ をドラッグすると、縦と横の比率を保ったままサイズを変更することができます。

※ 図形によっては、「Shift」キーを押さなくても縦横比を保ったままサイズを変更できる場合があります。

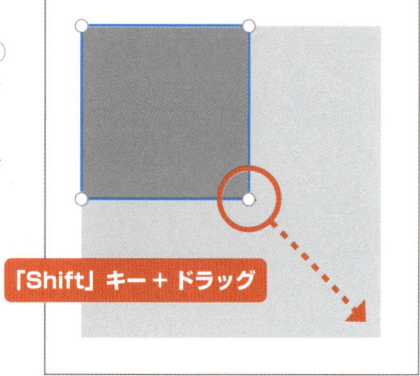

「Shift」キー ＋ ドラッグ

図形の回転

⟳ をドラッグ

図形の下部にある ⟳ をドラッグすると、図形を回転することができます。

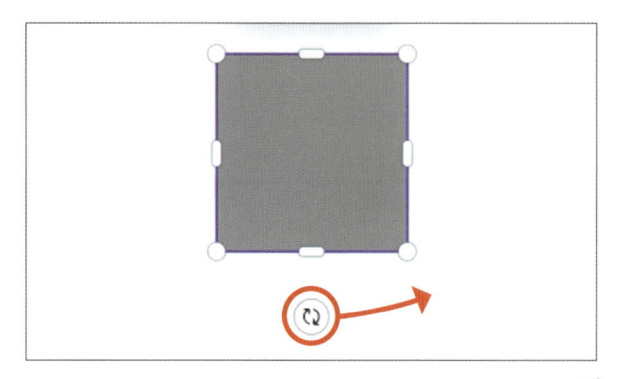

図形の色

図形の内側の色（塗り）は、図形を選択すると
表示されるメニューの●を使って変更します。

※ ボタンは、選択中の図形の色で表示されます。

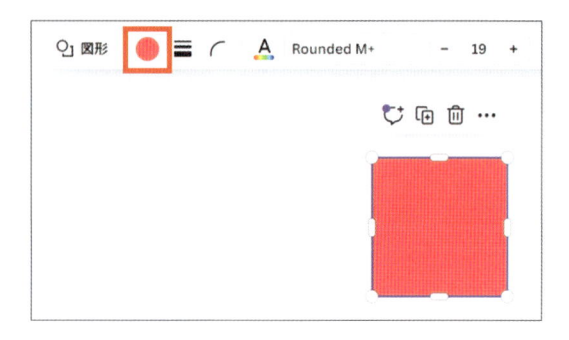

🖱 操作　図形の色を変更する

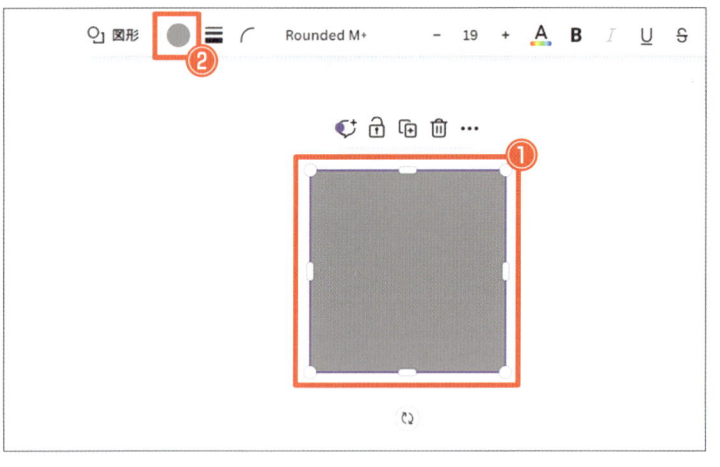

① 図形を選択

② ●をクリック

③ 色をクリック

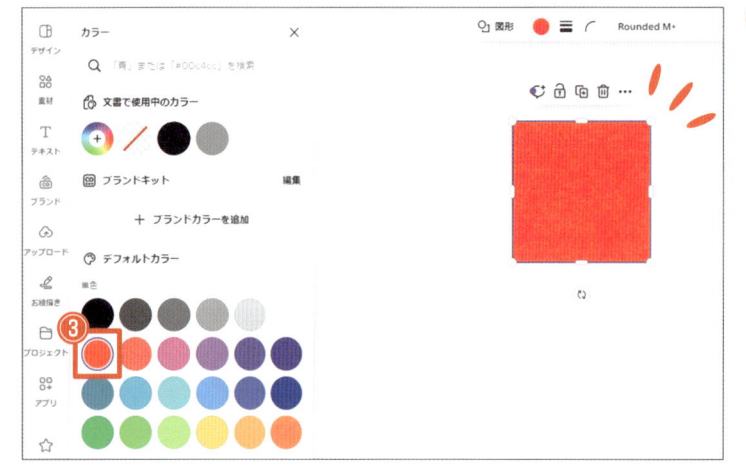

図形の枠線のスタイル（種類・太さ）

図形の枠線の種類や太さは、図形を選択すると表示されるメニューの <img_2> を使って変更します。

枠線の種類を指定します。

枠線の太さを指定します。

図形の枠線をなくしたいときは、⊘ を選択しましょう。

角の丸み

図形には、⌒ を使って角に丸みを付けることができます。

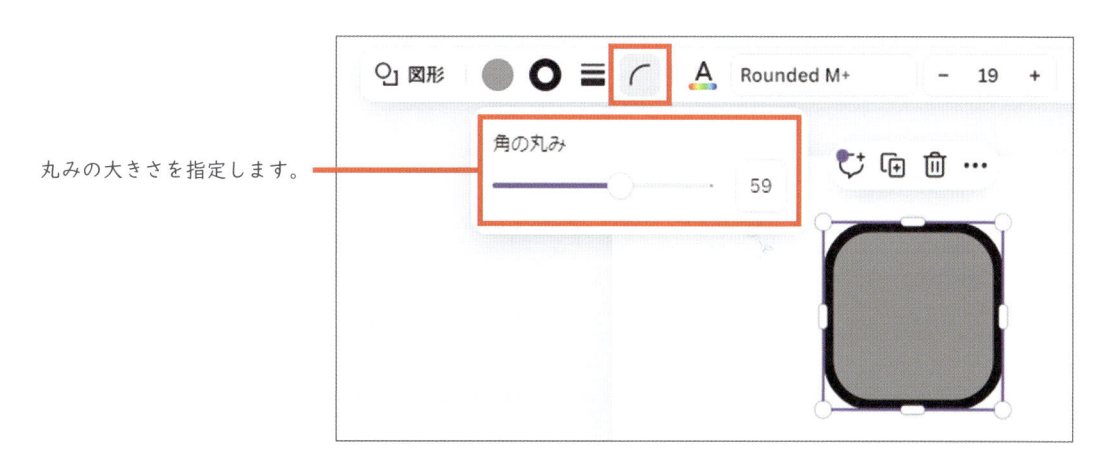

丸みの大きさを指定します。

図形の枠線の色

図形の枠線の色は、枠線が設定された図形を選択すると表示されるメニューの ◎ を使って変更します。

※ ボタンは、選択中の図形の枠線の色で表示されます。

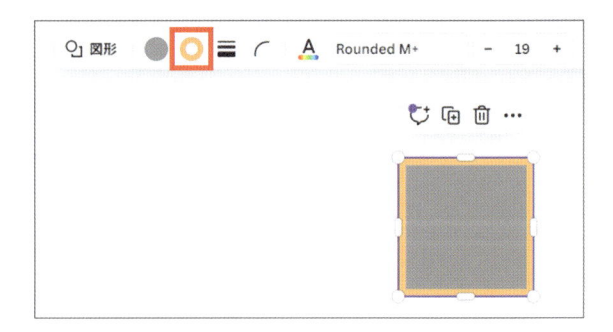

🖱 操作　図形の枠線の色を変更する

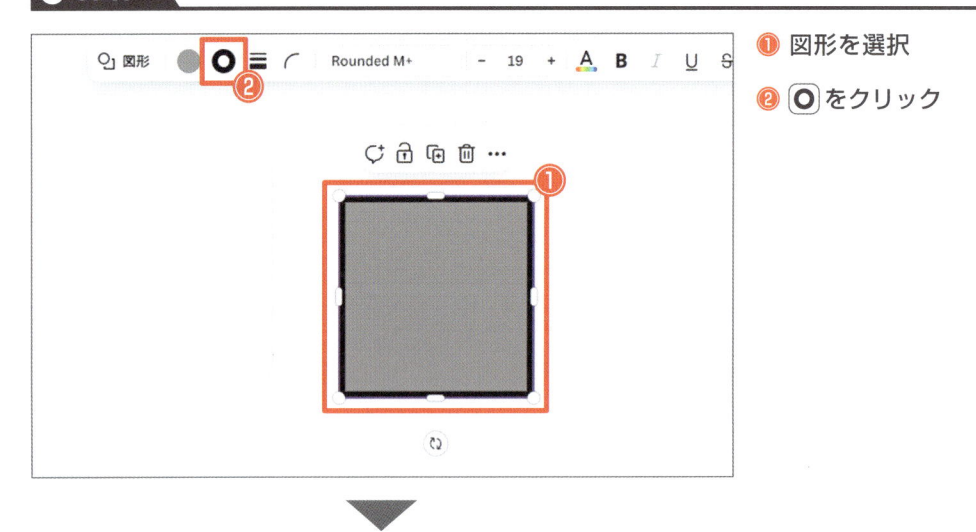

① 図形を選択

② ◎ をクリック

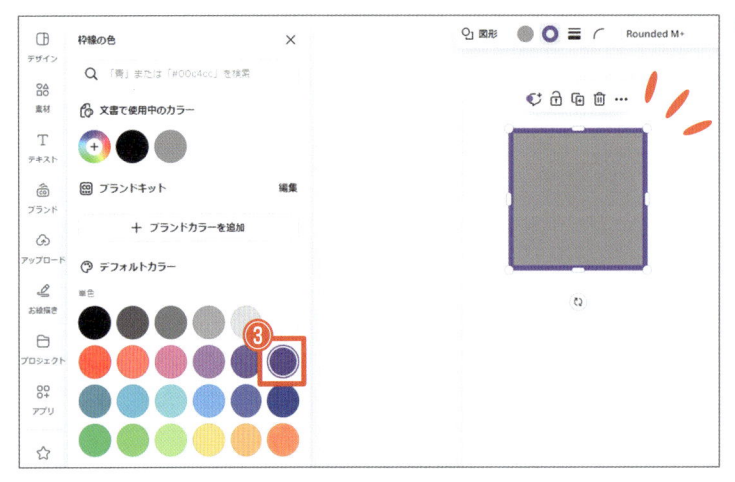

③ 色をクリック

3 整列と配置

位置を揃えて見た目を整える

画像や文字をきれいに配置することは、デザインにおいて非常に重要です。
以下のように要素の位置を揃えることで、見た目が整い、直感的に情報の構成を理解できる
ようになります。

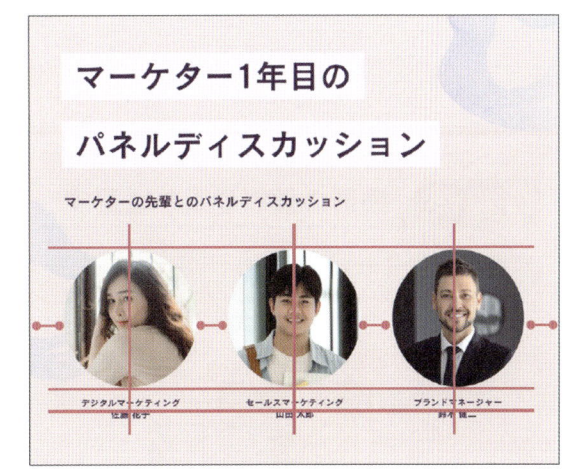

重なり順

図形やテキストボックスは、基本的に
は「作成した順番」で重なります。
ここでは、重なり順を変更する方法に
ついて確認します。

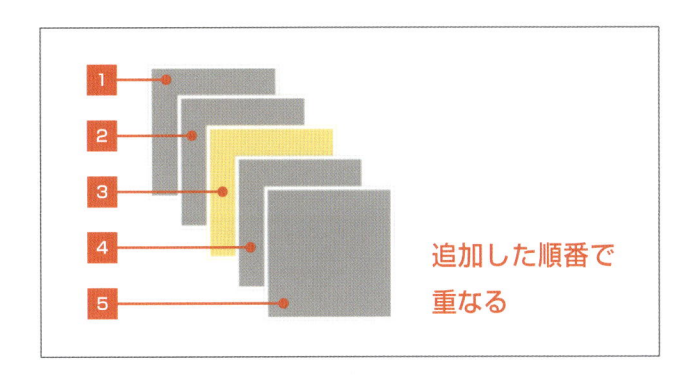

追加した順番で
重なる

重なり順の変更方法

図形の重なり順は、重なっている図形のいずれかを選択し、表示されるメニューの 配置 を使って変更します。

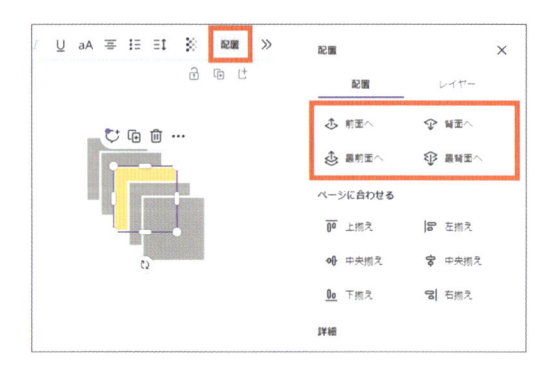

前面へ
図形が1つ手前に移動します。

背面へ
図形が1つ後ろに移動します。

最前面へ
図形が一番手前に移動します。

最背面へ
図形が一番後ろに移動します。

操作　図形の重なり順を変更する

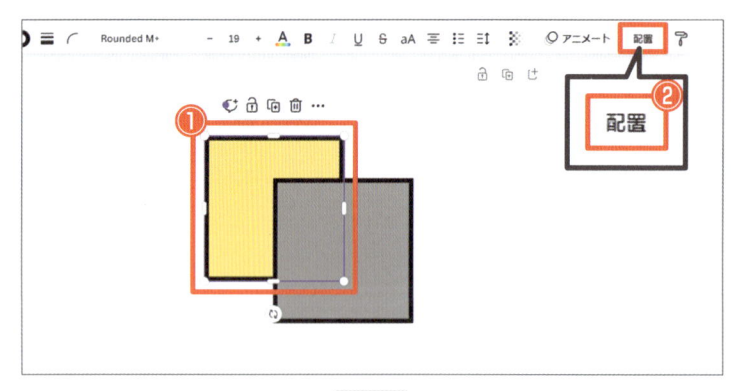

① 図形を選択

② 「配置」をクリック

※ ウィンドウの横幅が狭いと、「配置」が表示されません。その場合は、右端の「…」をクリックすると表示されます。

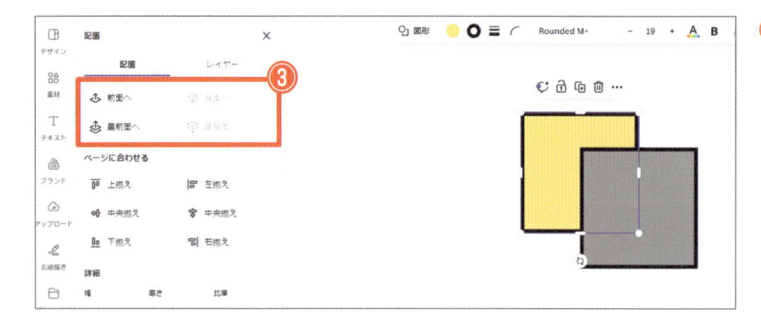

③ 重なり順の変更方法をクリック

※ ここでは「前面へ」をクリックします。

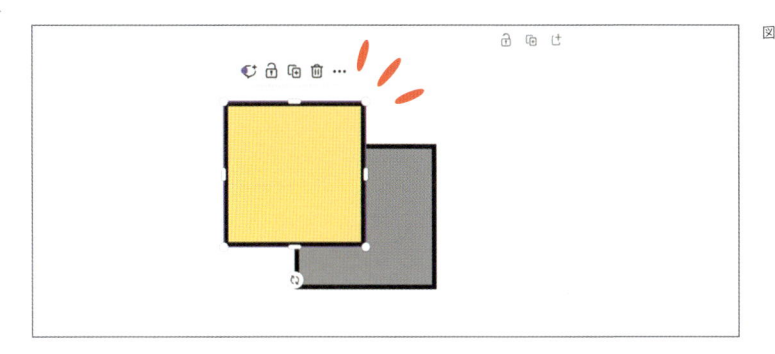

図形が前面へと移動します。

整列

図形は、特定の位置で整列させてきれいに配置することができます。
ここでは、整列の方法について確認します。

テキストボックスや画像も
同じ方法で整列できます！

整列の方法

整列は、整列させる**すべての図形を選択**した状態で、表示されるメニューの 配置 を使って行います。

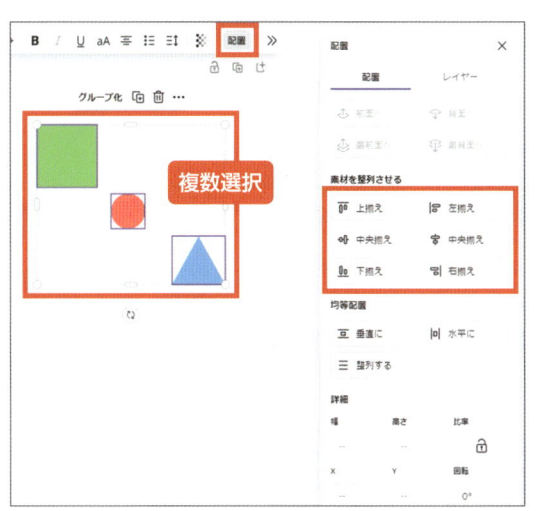

複数選択

上揃え
上側を軸に揃えます。

中央揃え
上下中央を軸に揃えます。

下揃え
下側を軸に揃えます。

左揃え
左側を軸に揃えます。

中央揃え
左右中央を軸に揃えます。

右揃え
右側を軸に揃えます。

操作 ▸ 図形を整列する

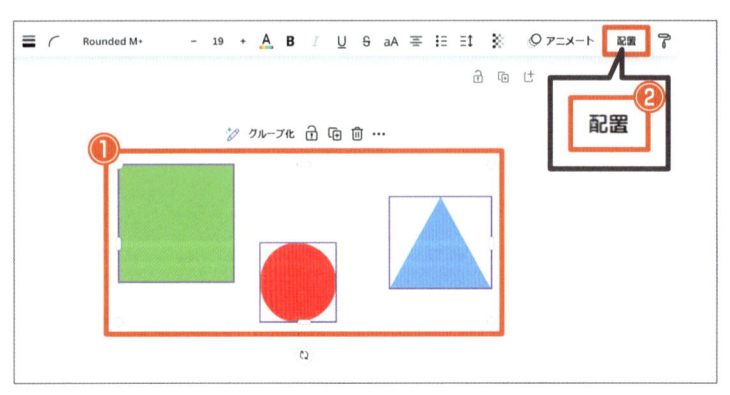

① 整列させる図形を複数選択

「Shift」キーを押しながら、図形を1つずつクリックします。

② 「配置」をクリック

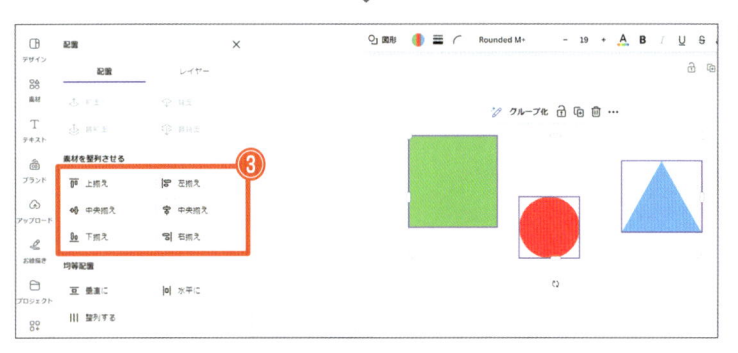

③ 整列方法をクリック

ここでは「上揃え」をクリックします。

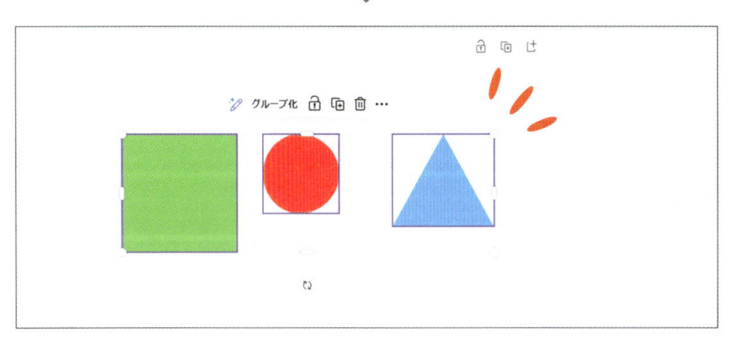

一番上にあった図形を基準に、上端が揃えられます。

均等配置

バラバラの位置にある図形を、等間隔に配置することができます。
ここでは、均等配置の方法について確認します。

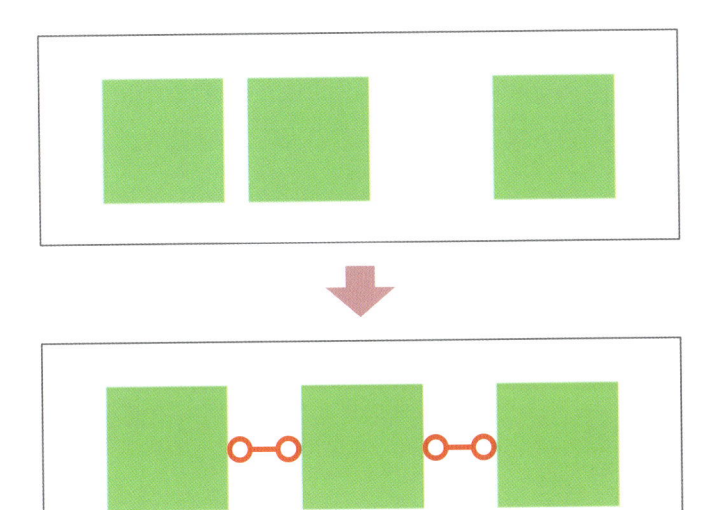

テキストボックスや画像も
同じ方法で等間隔に配置すること
ができます！

均等配置の方法

均等配置は、配置させる**すべての図形を選択**した状態で、表示されるメニューの 配置 を使って行います。

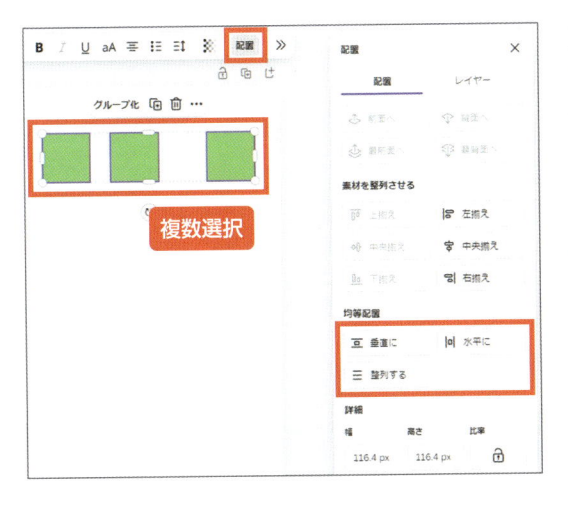

複数選択

垂 垂直に
垂直方向に均等に配置します。

水平に
水平方向に均等に配置します。

整列する
垂直・水平方向に均等に配置します。
※ どのように配置されるかは、図形
　の位置によって異なります。

🖱️ 操作 　図形を均等に配置する

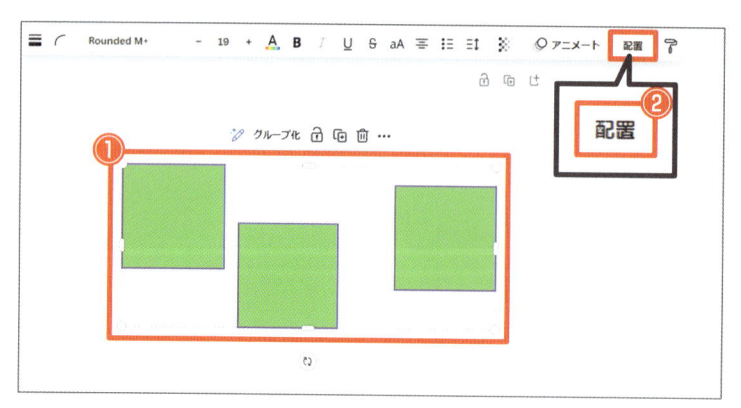

① 均等に配置する図形を複数選択

「Shift」キーを押しながら、図形を1つずつクリックします。

② 「配置」をクリック

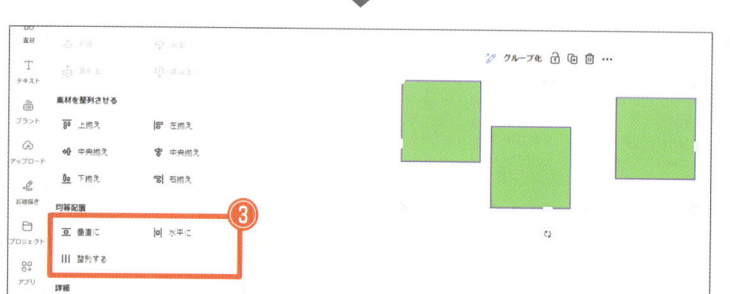

③ 配置方法をクリック

ここでは「水平に」をクリックします。

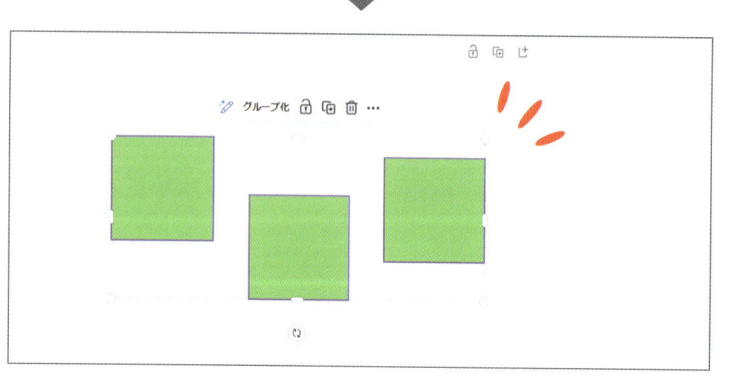

水平方向の配置が等間隔になります。

Chapter **05**

Instagram の
投稿画像を
作ってみよう

使用する素材

素材テンプレート	・Chapter05_01_素材
	・Chapter05_02_素材　・Chapter05_02_完成見本
	・Chapter05_03_素材　・Chapter05_03_完成見本
素材ファイル ※「Chapter05_素材」フォルダー	・ac_logo.png　・camp-1.jpg　・camp-2.jpg

1 デザインのダウンロード

完成したらパソコンにダウンロード

完成したデザインを Instagram などに
使用するには、画像形式のファイルにし
てパソコンにダウンロードする必要があ
ります。

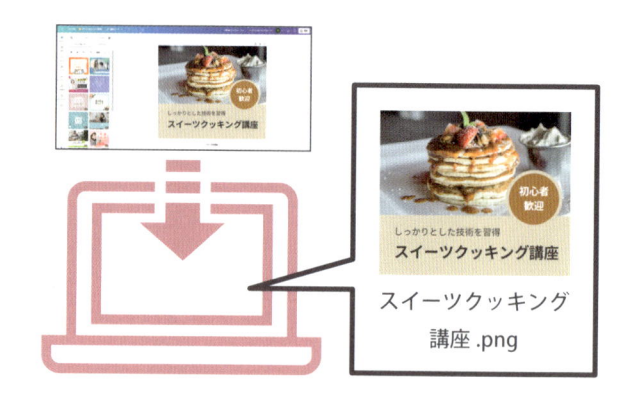

スイーツクッキング
講座 .png

ファイルの種類について

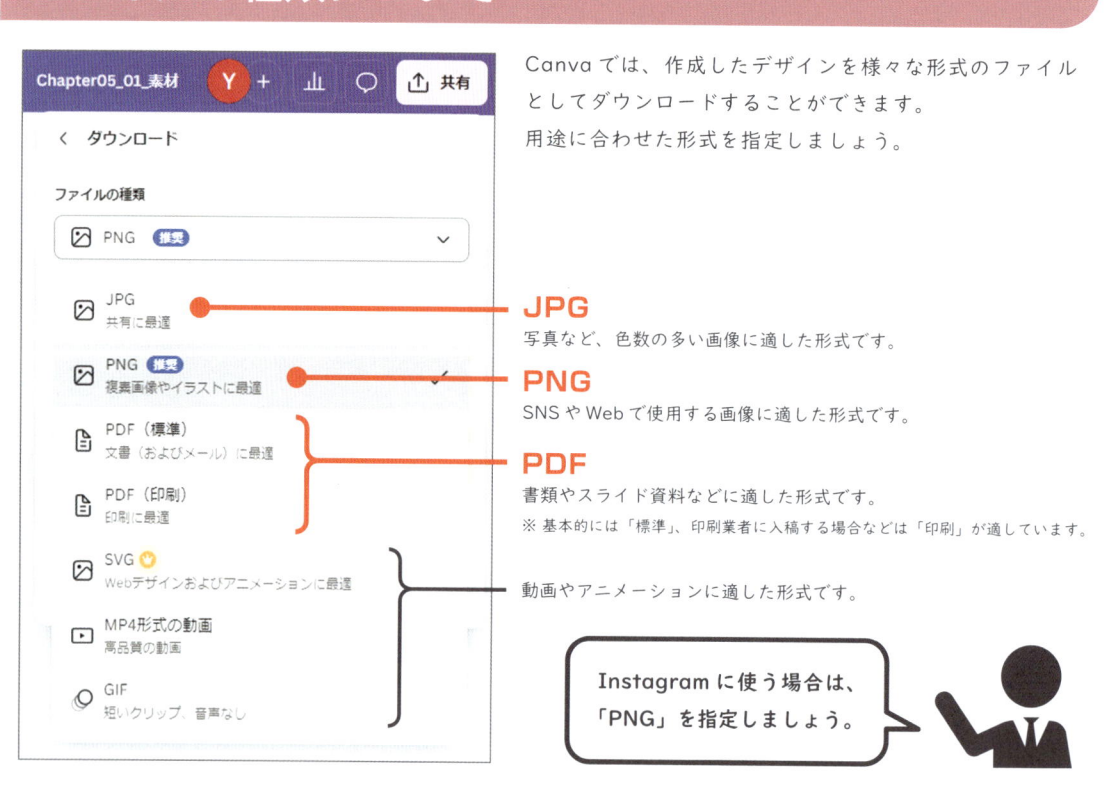

Canva では、作成したデザインを様々な形式のファイル
としてダウンロードすることができます。
用途に合わせた形式を指定しましょう。

JPG
写真など、色数の多い画像に適した形式です。

PNG
SNS や Web で使用する画像に適した形式です。

PDF
書類やスライド資料などに適した形式です。
※ 基本的には「標準」、印刷業者に入稿する場合などは「印刷」が適しています。

動画やアニメーションに適した形式です。

Instagram に使う場合は、
「PNG」を指定しましょう。

※ ここでは、素材テンプレート「Chapter05_01_素材」を開いた状態で（P.5 参照）、練習してみましょう。

① 「共有」をクリック

② 「ダウンロード」をクリック

③ 「ファイルの種類」をクリック

④ ファイルの種類を選択

⑤「ダウンロード」をクリック

⑥ ダウンロードしたファイルを
確認

ファイルは通常、パソコンの「ダウン
ロード」フォルダーに保存されます。

※「名前を付けて保存」ダイアログボッ
クスが開いて、任意の場所に保存で
きる場合もあります。

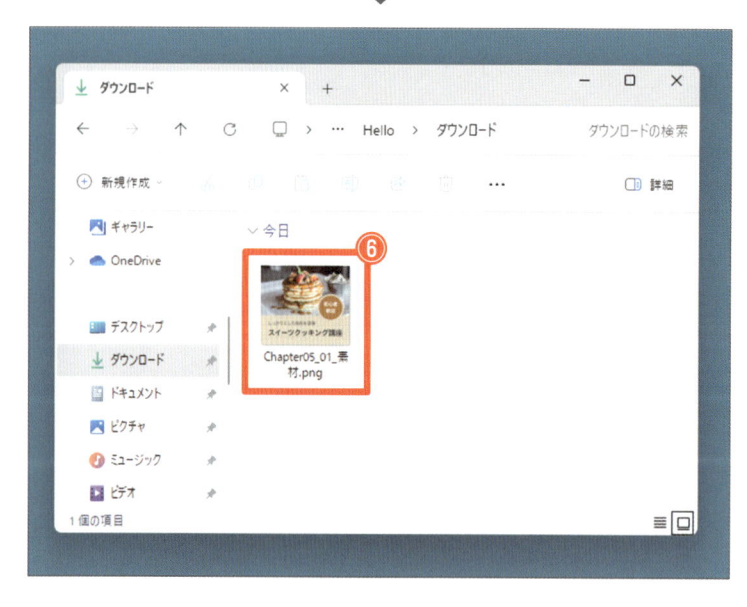

2 Instagram の投稿画像を作る①

これまでに学習した内容を生かして、Instagram で使用する投稿画像を作成します。

準備 素材テンプレート「Chapter05_02_素材」を開きましょう（P.5 参照）。

完成見本

Chapter05_02_素材

デザインの詳細な設定について

▶ 写真は、完成見本のタイトルや見出しを参考に、適したものを検索して追加してください。

▶ 文字サイズやフォント、色など、詳細な設定については、テンプレート素材「Chapter05_02_完成見本」をご確認ください。

手順①：写真を差し替える

テンプレートの写真を差し替えます（P.22 参照）。
※ 見本とは別の写真でも構いません。

＜手順①見本＞

＜編集内容＞

- ☐ 写真を花に関する写真に差し替える
  - ・検索キーワード：「花　公園」
- ☐ 写真の表示領域を調整する

手順②：文字を差し替える

テキストボックス内の文字を差し替えます（P.30 参照）。

＜手順②見本＞

＜編集内容＞

- ☐ 文字を差し替える
  - ・入力内容：「あさひ駅前公園」
    「フラワーまつり」
    「花いっぱいの公園でリフレッシュ
    しよう！」

手順③：文字を編集する

文字のサイズやフォントを変更します（P.34 参照）。

＜手順③見本＞

＜編集内容＞

□ すべての文字のフォントを変更する
・フォント：Zen Maru Gothic

□ 文字のサイズを調整する
・「あさひ駅前公園」… サイズ：34
・「花いっぱいの〜」… サイズ：24

□ テキストボックスの幅を適宜調整する

Chapter 05

手順④：文字の間隔を調整する

「フラワーまつり」の文字の間隔を微調整します。

＜手順④見本＞

＜編集内容＞

□ 文字の間隔を少し狭くする
・「フラワーまつり」… 文字間隔：0

👆 文字の間隔

文字の編集メニューにある ⬍ という機能を使うと、文字の間隔を調整することができます。

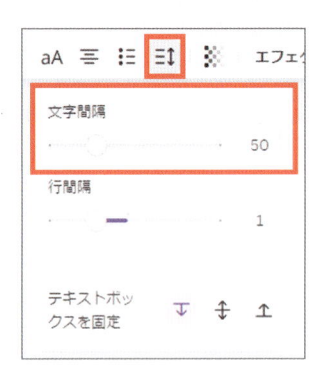

・文字間隔が「-100」の場合

> フラワーまつり

・文字間隔が「100」の場合

> フ ラ ワ ー ま つ り

手順⑤：背景色を変える

背景色を変更します。

＜手順⑤見本＞

＜編集内容＞

☐ 背景色を変更する
　・背景色：「写真の色」から選択

👆 背景色

背景色とは、文字通りデザインの背景に設定する色です。

背景色は、背景（編集領域の何もない場所）を選択すると表示されるメニューの ◯ で変更することができます。

● ——— **背景**

手順⑥：文字の色を変える

背景色の変更により見えにくくなった文字を、色を変えて見やすくします（P.36 参照）。

＜手順⑥見本＞

＜編集内容＞

☐ 文字の色を変更する
・文字の色：ホワイト

手順⑦：全体の配置を整える

テキストボックスの配置を整えます。

<手順⑦見本>

<編集内容>

- ☐ すべてのテキストボックスの配置を揃える
  - ・配置：左右の中央揃え
- ☐ すべてのテキストボックスを画面の中央に配置する

ガイドを使って画面の中央に配置

ガイドとは、図形などのオブジェクトをきれいに配置するための補助機能です。

テキストボックスなどをドラッグして移動すると、中央や端に配置した際にピタッと止まり、ガイド（線）が表示されます。

この機能を活用して、テキストボックスを画面の中央に配置しましょう。

手順⑧：ダウンロードする

完成したデザインを、PNG形式の画像ファイルとしてダウンロードします（P.60参照）。

③ Instagram の投稿画像を作る②

これまでに学習した内容を生かして、Instagram で使用する投稿画像を作成します。

準備 素材テンプレート「Chapter05_03_素材」を開きましょう（P.5参照）。

完成見本

Chapter05_03_素材

デザインの詳細な設定について

▶ 文字サイズやフォント、色など、詳細な設定については、テンプレート素材「Chapter05_03_完成見本」をご確認ください。

手順①：写真を差し替える

テンプレートの写真を差し替えます（P.26 参照）。

<手順①見本>

<編集内容>

☐ 写真をアップロードして差し替える
　　・写真：「camp-1.jpg」「camp-2.jpg」

手順②：ロゴを追加する

ロゴの画像を追加します（P.26 参照）。

<手順②見本>

<編集内容>

☐ ロゴをアップロードして左下に追加する
　　・ロゴ：「ac_logo.png」

手順③：文字を差し替え、調整をする

テキストボックス内の文字を差し替えて、配置を調整します（P.30 ～ 37 参照）。

＜手順③見本＞

＜編集内容＞

☐ 文字を差し替える
・入力内容：「自然の中で心地よい風を楽しもう」
　　　　　　「ハローキャンプフェス」
　　　　　　「あさひヶ丘キャンプ場 10月
　　　　　　10日～ 12日」

☐ すべての文字のフォントを変更する
・フォント：つなぎゴシック

☐ テキストボックスの位置を適宜調整する

☐ 文字のサイズ、間隔を調整する
・「自然の～」…サイズ：24
・「ハロー～」…サイズ：48／文字間隔：86
・「あさひ～」…サイズ：24／文字間隔：0

Chapter 05

手順④：背景色を変える

背景色と図形の色を変更します（P.67、P.50 参照）。

＜手順④見本＞

＜編集内容＞

☐ 背景色（左下）を変更する
・背景色：「写真の色」から選択

☐ 図形（右上）の色を変更する
・図形の色：「写真の色」から選択

手順⑤：文字の色を変える

背景色の変更により見えにくくなった文字を、色を変えて見やすくします（P.36 参照）。

＜手順⑤見本＞

＜編集内容＞

☐ 「ハローキャンプフェス」「あさひヶ丘〜」
　の文字の色を変更する
　・文字の色：写真の色（背景に合わせて見やすい
　　色を選択）

手順⑥：素材を削除して、線を追加する

上下にある飾りの素材を削除して、「ハローキャンプフェス」の下に線を追加します（P.42 参照）。

＜手順⑥見本＞

＜編集内容＞

☐ 上下にある ＿＿＿＿＿ をすべて
　削除する
☐ 「ハローキャンプフェス」の下に線を
　追加する
　・種類：点線
　・終点を丸くする
　・太さ：10
　・色：「ハローキャンプフェス」と同じ色

手順⑦：図形を追加する

左上に図形を追加します（P.47 参照）。

＜手順⑦見本＞

＜編集内容＞

- ☐ 図形を追加して左上に配置する
  - ・図形：●
  - ・色：赤系の色

手順⑧：テキストを追加して調整する

手順⑦で追加した図形の前に、文字を追加します（P.30 ～ 37 参照）。

＜手順⑧見本＞

＜編集内容＞

- ☐ テキストボックスを追加する
  - ・入力内容：「参加者募集中」
- ☐ 文字の色を変更する
  - ・色：ホワイト
- ☐ テキストボックスを回転し、図形の中央に配置する

手順⑨：最終調整をする

ロゴや文字の配置、サイズを微調整します（P.55 参照）。

＜手順⑨見本＞

＜編集内容＞

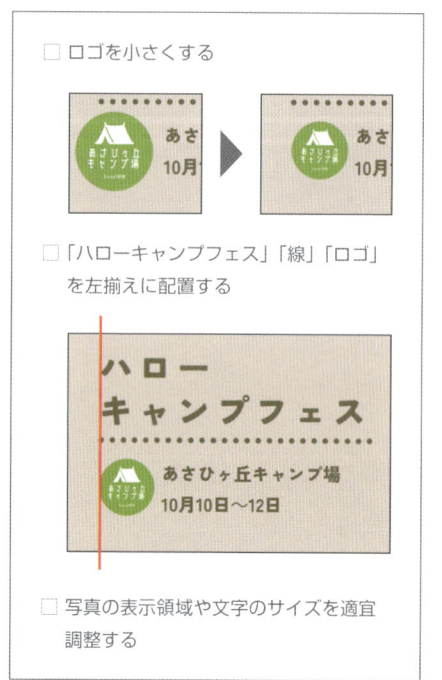

- □ ロゴを小さくする
- □ 「ハローキャンプフェス」「線」「ロゴ」を左揃えに配置する
- □ 写真の表示領域や文字のサイズを適宜調整する

手順⑩：ダウンロードする

完成したデザインを、PNG 形式の画像ファイルとしてダウンロードします（P.60 参照）。

Chapter 06

SNS バナーの基本

使用する素材

素材テンプレート	なし
素材ファイル	なし

1 Canva の有料版を使おう

作業効率とクオリティーをアップ！

有料版の Canva は、無料版と比べて利用できるテンプレートや機能が豊富なため、デザインを作成する際に効率よく作業が進められます。また、クオリティーも各段にアップします。仕事で Canva を使うなら、有料版にアップグレードしましょう。

＜有料版と無料版の違い＞

※ 2024 年 10 月現在

	無料版	有料版
テンプレート	100 万点以上	無制限 **Point ①**
写真・素材・動画・音楽など	300 万点以上	1 億以上
ストレージ（保存可能な容量）	5GB	1TB
フォント	1000 種類以上	無制限 ＋ オリジナルフォントのアップロード
マジック生成	画像 50 回　　動画 5 回	画像 500 回／月　　動画 50 回／月 **Point ②**
費用	無料	1,180 円／月　　11,800 円／年

Point ① テンプレートは無制限／使える素材は 1 億以上

有料版には、無料版のような利用制限がありません。使いたいときに使いたいものが利用できるため、作業時間の短縮につながります。

Point ② AI 機能を利用できる回数が多い

Canva には、「マジック生成」や「マジック作文」という、AI による編集機能があります。これは、画像の切り抜きや背景の除去、文章の生成などが、AI を使って簡単に行える機能です。
利用には回数制限がありますが、有料版は無料版よりも多く利用することができます。

有料版と無料版の見分け方

有料版は 👑 マークがグレーで表示される

有料版にすると、写真素材に付いている👑(有料版でのみ利用できることを示すマーク)がグレーで表示されます。

有料版

無料版

Canva を有料版に切り替える

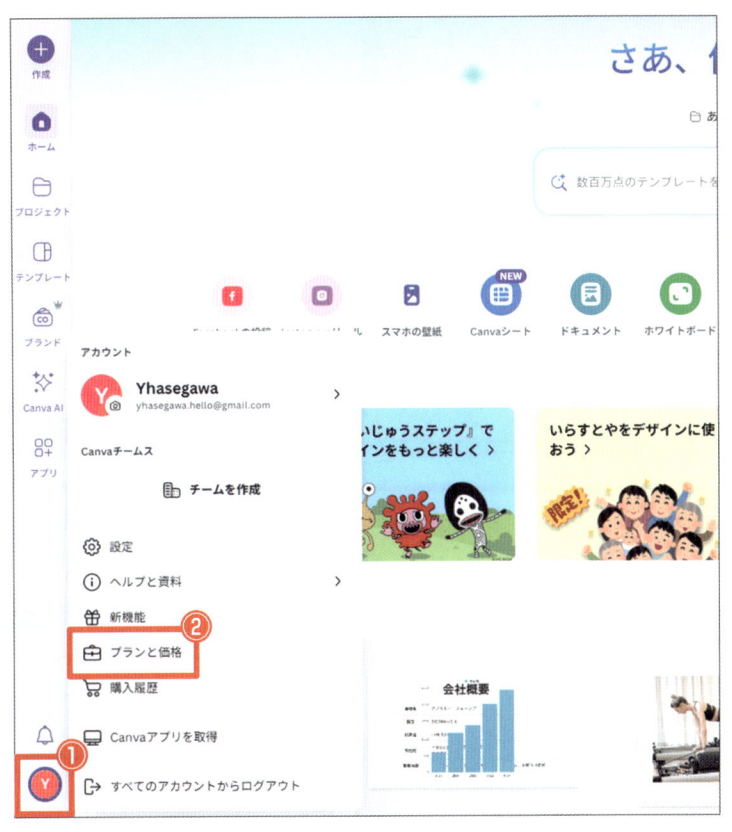

① アカウントのアイコンを
クリック

② 「プランと価格」をクリック

③ Canva プロの「無料トライ
アルを開始」をクリック

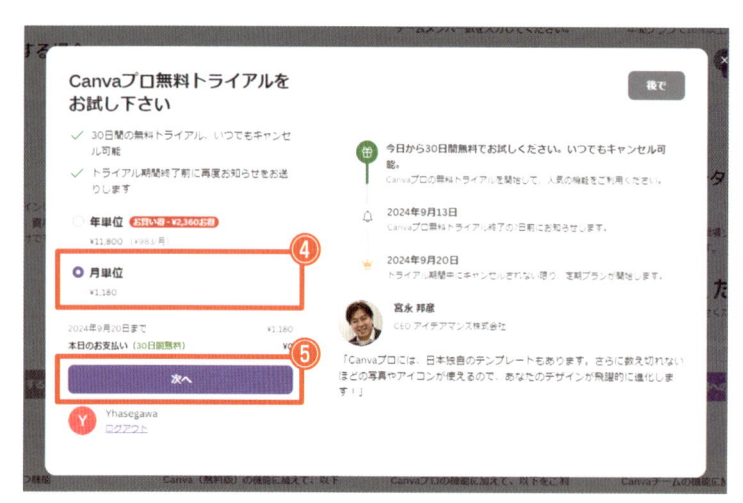

④ 支払いの単位を選択

⑤ 「次へ」をクリック

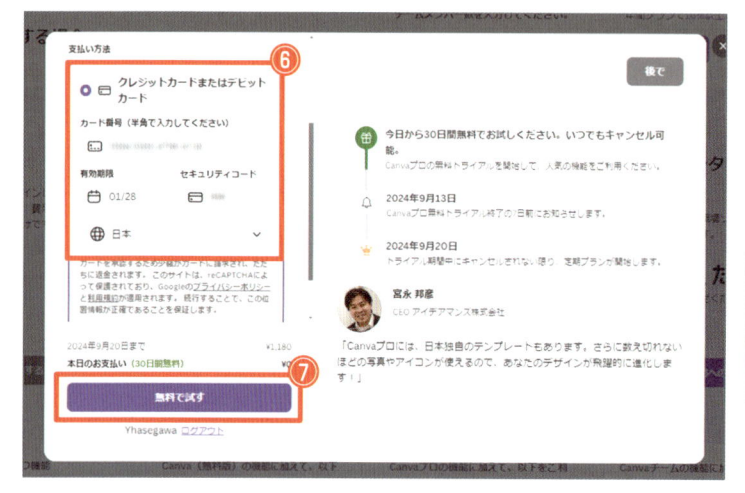

⑥ 支払い方法を選択し、必要
事項（カード情報など）を
入力

⑦ 「無料で試す」をクリック

最初の1ヶ月は、無料期間
なので料金はかかりません！
この期間内にプランを解約
することも可能ですよ！

2 SNS バナーとは

SNS バナーとは、SNS に表示される画像広告のことです。

様々な SNS が普及する中、今や SNS バナーは企業の広告宣伝活動に欠かせないものになっています。

＜ SNS バナーの例＞

SNS バナーの目的

ユーザーにアクションを起こしてもらう

SNS バナーの目的は、見た人に何かしらのアクションを起こさせることです。

「商品ページのリンクをタップしてもらう」「シェアしてもらう」「いいねをしてもらう」などのアクションを起こしてもらうことで、会社・商品の認知度の拡大やイメージアップにつながります。

Web ページへ誘導

SNS バナー作成の順序

SNS バナーを作成する際は、まず投稿文の内容を作成し、そこから重要なキーワードを抜き出してアイキャッチとなるバナーを作成します。

1 投稿する文章を考える

マスキングテープ 1 枚でサックスの減音ができる方法を紹介しています。あくまでも簡易的な方法なので耐久性はありませんが、手軽に減音効果が体感できます。ぜひ試してみてください。

2 重要なキーワードを抜き出す

- **マスキングテープ 1 枚でできる！**
- **簡易的**
- **サックス減音効果**

3 バナーを作成する

 ## バナーには文字を載せすぎない

SNS のバナーは、ほとんどの場合スマートフォンの小さな画面で閲覧されます。そのため、文字が多すぎると読みにくくなってしまいます。
スマートフォンの画面で表示されることを想定し、少ない文字で効果的なキーワードを載せるようにしましょう。

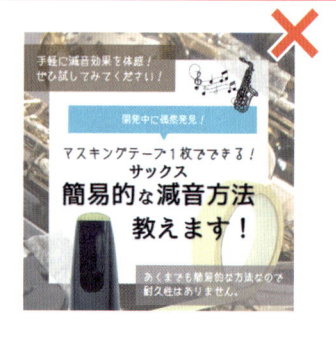

写真の縦横比について

SNS に写真を投稿すると、各 SNS で既定された縦横比に自動で切り取られて表示されます。
写真全体をきれいに表示したい場合は、各 SNS のサイズに合わせた縦横比の写真を投稿しましょう。

● X（旧 Twitter）の写真の縦横比

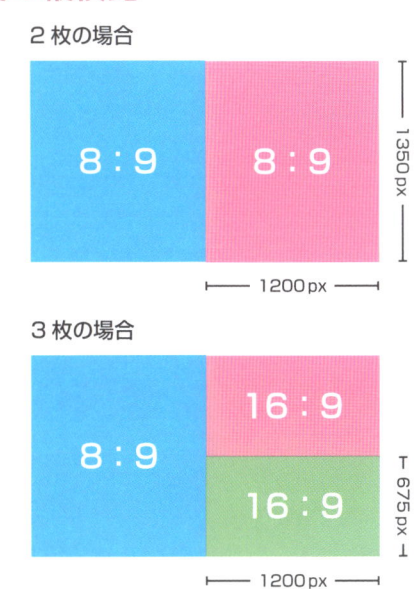

2枚の場合

3枚の場合

● Instagram の写真の縦横比

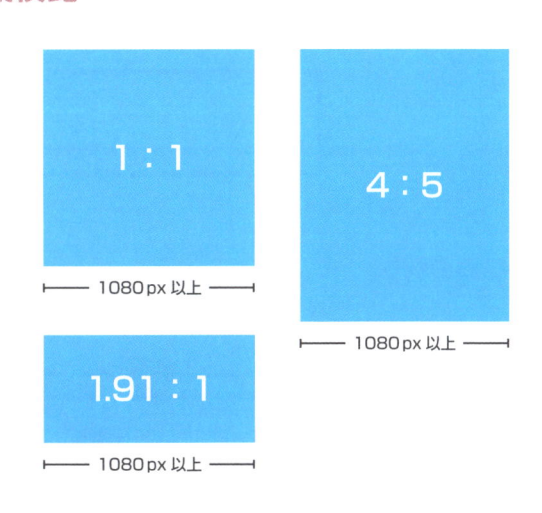

各 SNS の詳細なサイズについては、
「SNS　写真　サイズ」等で検索して調べましょう！

3 テンプレートの探し方

Canvaには、実に多くのテンプレートが用意されているため、目的のテンプレートを見つけ出すには少しコツが必要です。

ここでは、テンプレートを探す上で便利な、右記の3つの機能についてご紹介します。

・フィルター
・検索
・スター

フィルター

雰囲気や用途を基準に探すことができる！

テンプレートの一覧を表示すると、画面上部に「フィルター」という機能が表示されます。

この機能を使うと、テンプレートを雰囲気や用途などで絞り込むことができます。

＜フィルター結果の例＞

スタイル：「エレガント」

スタイル：「カラフル」

テーマ：「マーケティング」

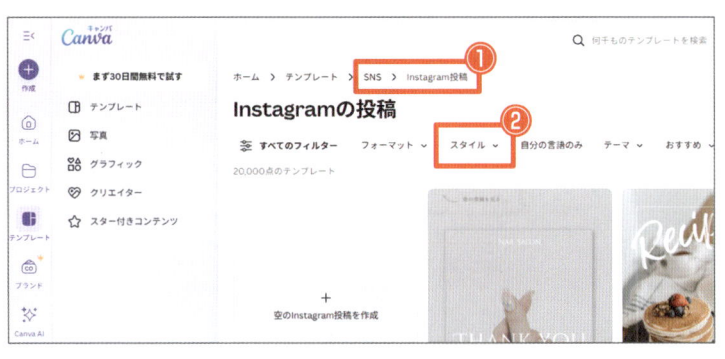

① テンプレートの一覧を表示

ここでは「SNS」の中にある「Instagram
の投稿」の一覧を表示します。

② 目的のフィルターをクリック

**③ フィルターの条件にチェック
を入れる**

スタイル「モダン」に該当するテンプレート
だけが表示されます。

フィルターを解除したい場合は、条件からチェックを外す、
または「クリア」「すべてクリア」をクリックしましょう。

検索

キーワードでテンプレートが探せる

テンプレートページの上部にある検索ボックスを
使うと、キーワードでテンプレートを探すことが
できます。

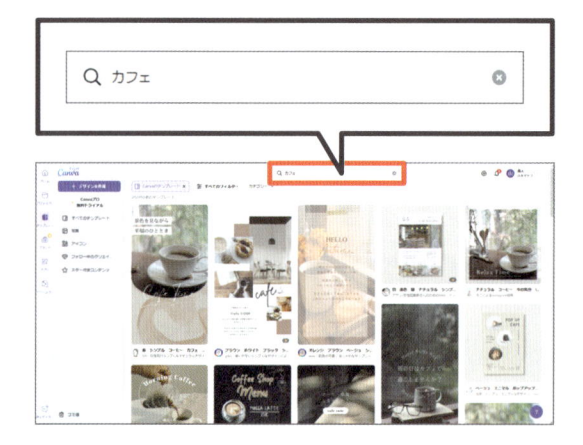

🖱 操作　テンプレートを検索する

❶ 「テンプレート」をクリック

❷ 検索ボックスにキーワード
を入力して「Enter」キーを
押す

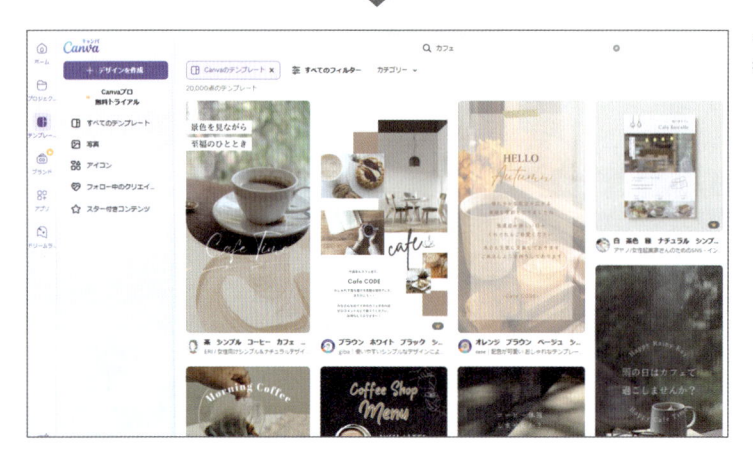

キーワード「カフェ」に関連するテンプレート
が表示されます。

検索後にフィルターで絞り込む

キーワードで検索すると、種類に関係なく Canva 内にあるすべてのテンプレートが検索されます。
「SNS で使う」など用途が決まっている場合は、検索後にフィルター機能を使って検索結果を絞り込みましょう。

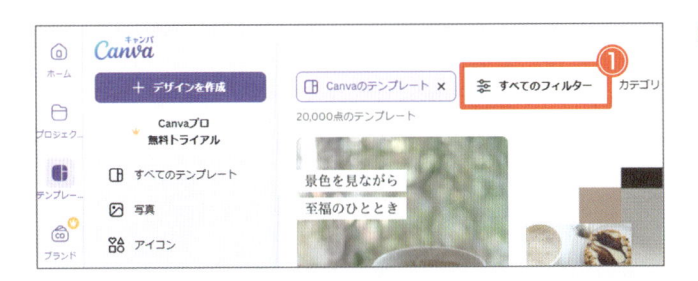

① 「すべてのフィルター」を
クリック

② フィルターの条件を選択

ここでは「Instagram の投稿」を選択
します。

③ 「適用」をクリック

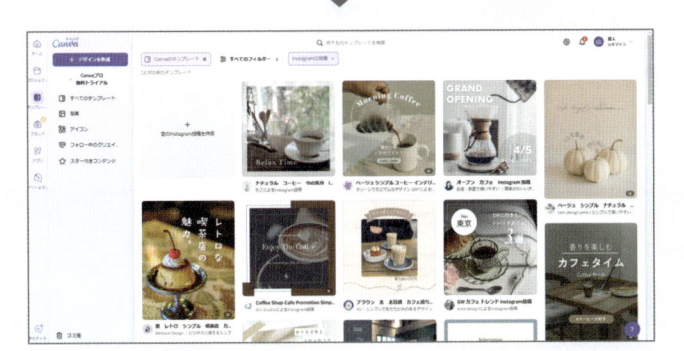

Instagram 用のテンプレートが表示されます。

スター

テンプレートをお気に入りに登録できる

「スター」とは、特定のテンプレートをお気に入りとして登録する機能です。

スターを付けたテンプレートは、「テンプレート」メニューにある「スター付きコンテンツ」にまとめられます。

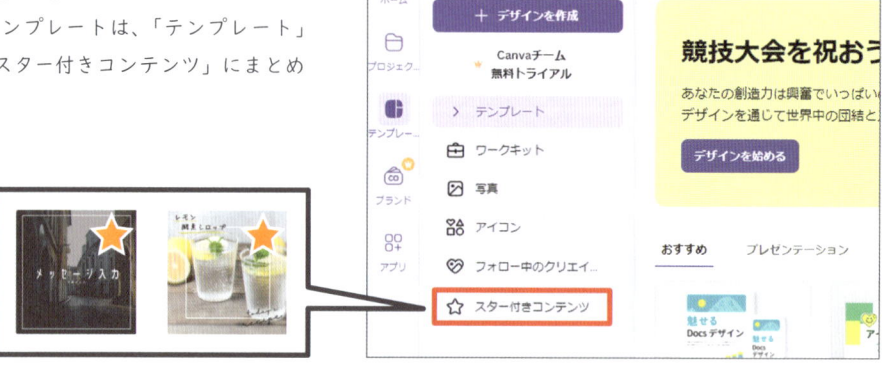

Canva のテンプレートは、数が多いうえに日々更新されます。そのため、気に入ったテンプレートを見つけても、数日後に同じ方法で見つけ出せるとは限りません！
気になるテンプレートにはどんどんスターを付けて、いつでも使えるようにまとめておきましょう！

🖱 操作　テンプレートにスターを付ける

❶ スターを付けたいテンプレートをポイント

❷ ☆ をクリック

テンプレートにスターが付きます。

🖱 操作　スター付きのテンプレートを使う

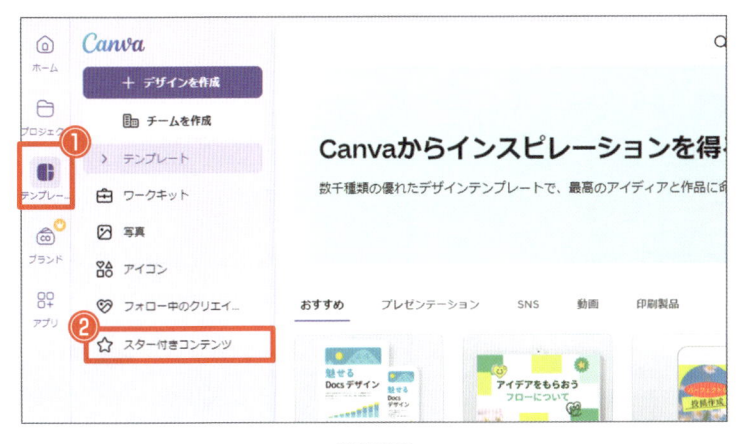

❶ 「テンプレート」をクリック

❷ 「スター付きコンテンツ」を
クリック

スターを付けたテンプレートが一覧表示され
ます。

テンプレートをクリックすると、エディター
（編集画面）で編集できるようになります。

スター付きのテンプレートを使うその他の方法

編集中のデザインに適用する

スター付きのテンプレートは、エディター（編集）画面からも利用できます。編集中のデザインに適用させたい場合などに使いましょう。

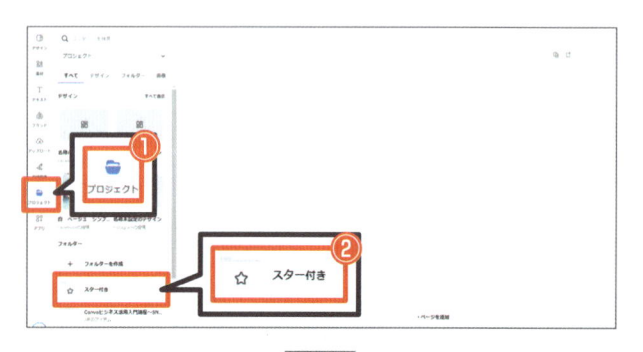

① 「プロジェクト」をクリック

② 「スター付き」をクリック

③ テンプレートをクリック

テンプレートのレイアウトは、適用先のキャンバスのサイズや形に合わせて自動で調整されます。

テンプレートを選ぶ際に、SNSの種類に合わせる必要はない

Canvaのテンプレートは、サイズや形を基準にSNSの種類によってカテゴライズされています。

しかし、最近のSNSは、どのような形の画像でも投稿時に微調整されてきれいに表示されるため、必ずしもSNSの種類に応じたテンプレートを使う必要はありません。

SNSの種類を気にせず選ぶことで、より多くのテンプレートを利用できるようになり、デザインの幅がグッと広がりますよ！

Chapter 07

色々な
SNS バナーを作ろう

使用する素材

素材テンプレート	・Chapter07_01_素材	・Chapter07_01_完成見本
	・Chapter07_02_素材	・Chapter07_02_完成見本
	・Chapter07_03_素材	・Chapter07_03_完成見本
素材ファイル ※「Chapter07_素材」フォルダー	・cd_logo.png	

1 店舗オープンのバナーを作る

以下の完成見本と作成のポイントを参考に、フィットネスクラブの店舗オープンのバナーを作成しましょう。

準備 素材テンプレート「Chapter07_01_素材」を開きましょう。

完成見本

Chapter07_01_素材

デザインの詳細な設定について

▶ 写真は、完成見本のタイトルや見出しを参考に、適したものを検索して追加してください。
▶ 文字サイズやフォント、色など、詳細な設定については、テンプレート素材「Chapter07_01_完成見本」をご確認ください。

- 写真を特定の形に切り抜く
- 重要な情報を目立たせる

● 写真を特定の形に切り抜く

「フレーム」を使う

写真の追加には、「フレーム」という機能を使います。

フレームは、写真を配置するための枠です。フレームに追加した写真は、そのフレームの形でトリミングされます。

＜作成の流れ＞

フレームを追加
※ 下記参照

フレームを複製して配置を調整

フレームに写真を追加
（検索キーワード：「ピラティス」など）

🖱 操作　フレームを追加する

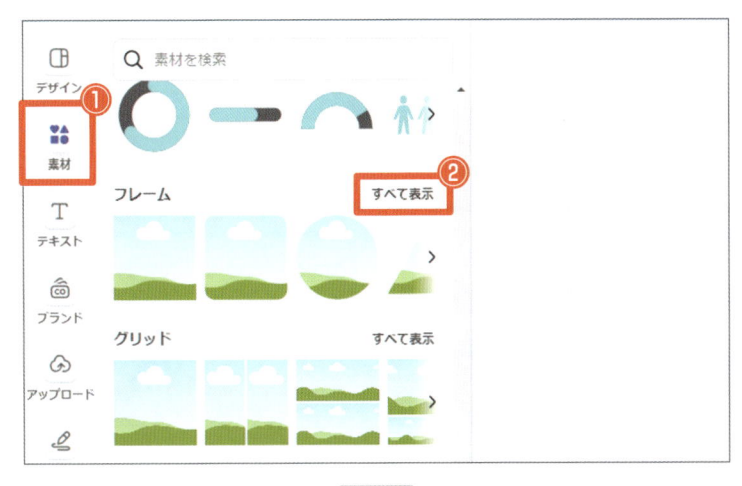

❶ 「素材」をクリック

❷ フレームの「すべて表示」を
クリック

③ カテゴリーを選んで「すべて表示」をクリック

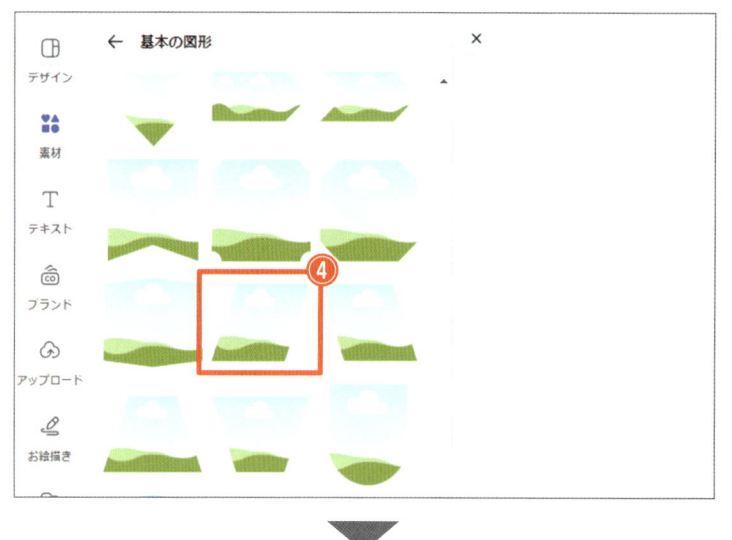

④ 利用したいフレームをクリック

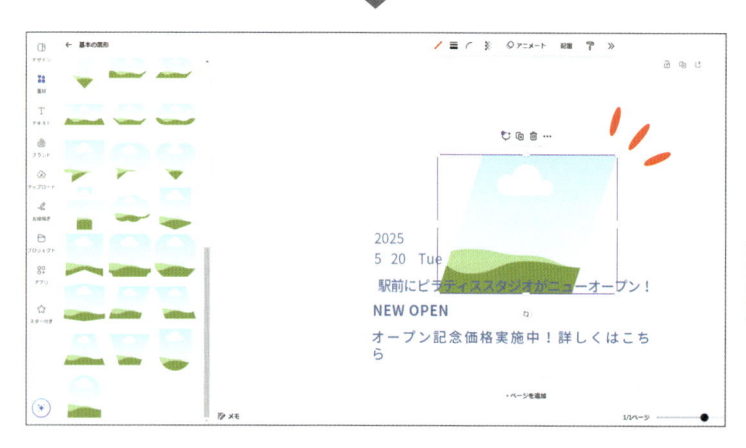

フレームのサイズ変更や移動の方法は、写真と同じです。

🖱 操作　写真をフレームに追加する

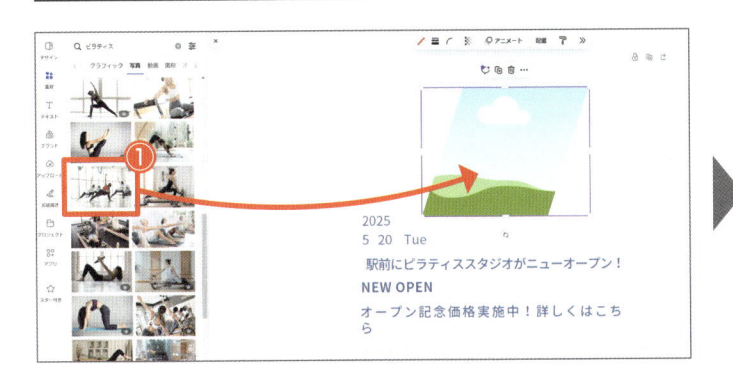 

① 写真をドラッグ　　　　　　　　　　　② フレーム上にドロップ

👆 同じオブジェクトは「複製」で効率よく作る！

写真や図形、テキストボックス、
フレームなどのオブジェクトは、
選択すると表示される🔲ボタン
で複製することができます。

✒ フレームから写真を取り出す

フレームに追加した写真は、下記のメニューでフレームの外に取り出すことができます。
取り出した写真は、デザイン上で自由に移動、サイズ変更することが可能です。

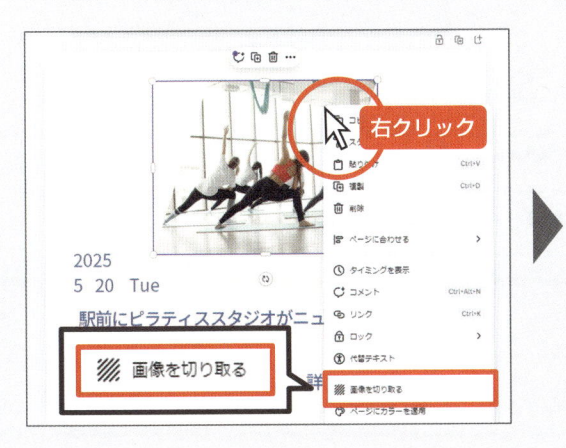 

写真の反転

写真の編集メニューにある「反転」という機能を使うと、写真を左右や上下に反転させることができます。

フレームやレイアウトにより被写体が見切れてしまった場合などに、反転を使うことで被写体をきちんと表示できることがありますよ！

● 重要な情報を目立たせる

文字と図形を組み合わせて「オープン日」を目立たせる

店舗オープンの告知において、「オープン日」は必ず伝えるべき重要な情報です。
そういった重要な情報は、図形と組み合わせて印象を強めましょう。
ここでは、図形と線、テキストボックスを組み合わせて、オープン日のパーツを作ります。

図形　　　　　　線　　　　テキストボックス

テキストボックスはできるだけ分けて作る

オープン日の文字は、「2025」「5」「20」「Tue」とテキストボックスを分けて作っています。テキストボックスを分けることで、部分ごとにサイズを変えるなど自由にレイアウトできるようになります。

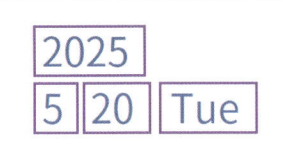

ズーム（表示の拡大／縮小）

細かい作業をするときは表示を拡大しよう！

編集画面の下部にあるズームの機能を使うと、作業する範囲の表示を拡大／縮小することができます。
文字や図形の微調整などの細かい作業は、表示を拡大して行いましょう。

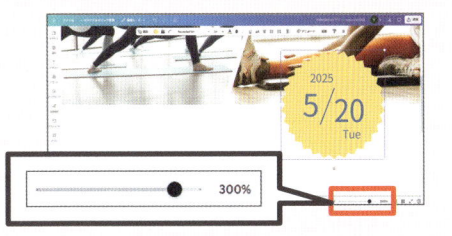

ガイドを無効にしながら調整する方法

「Ctrl」キーを押しながらドラッグ

追加した線の調整を行うと、ガイドに吸着されて思うように調整できないことがあります。
そのような場合は、「Ctrl」キーを押しながらドラッグすることで、ガイドを無効にした状態で調整することができます。

細かい作業をすると
ガイドが邪魔で操作しにくい …

「Ctrl」キーを使うと
自由に調整できる！

テキストボックスの幅を文字の長さに合わせる

〇をダブルクリック

テキストボックスの左右に表示される〇（ハンドル）をダブルクリックすると、テキストボックスの幅を文字の長さに合わせることができます。

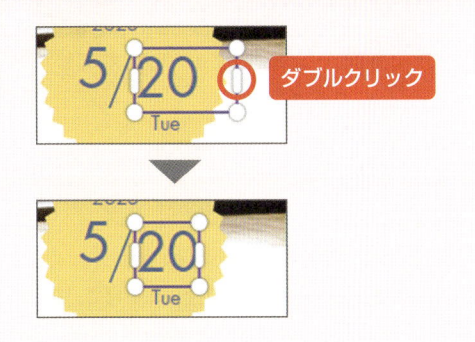

ダブルクリック

2 スタッフ募集のバナーを作る

以下の完成見本と作成のポイントを参考に、カフェのスタッフを募集するバナーを作成します。

準備 素材テンプレート「Chapter07_02_素材」を開きましょう。

完成見本

Chapter07_02_素材

cd_logo.png

デザインの詳細な設定について

▶ 写真は、完成見本のタイトルや見出しを参考に、適したものを検索して追加してください。
▶ 文字サイズやフォント、色など、詳細な設定については、テンプレート素材「Chapter07_02_完成見本」をご確認ください。

- 写真を特定の形に切り抜く
- 文字サイズは本文（小さな文字）から決める
- 文字の強調には「エフェクト」を使う
- アイコンやイラストには「グラフィック」を使う

● 写真を特定の形に切り抜く

「店舗オープンのバナーを作る」（P.90）と同様に、フレームを使って写真を追加します。

＜作成の流れ＞

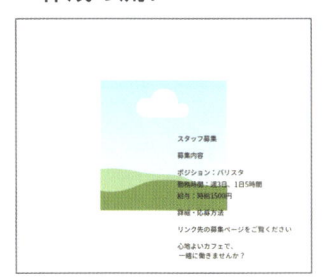
フレームを追加

フレームのサイズと配置を調整

フレームに写真を追加
（検索キーワード：「バリスタ」など）

● 文字のサイズは本文（小さな文字）から決める

文字のサイズを調整するときは、本文などの小さな文字から決めていくのがおすすめです。
最初に本文のサイズを決めることで、それが基準となり、見出しやタイトルのサイズが決めやすくなります。
また、全体のレイアウトをバランスよく仕上げることができます。

① 本文のサイズを「21」に設定

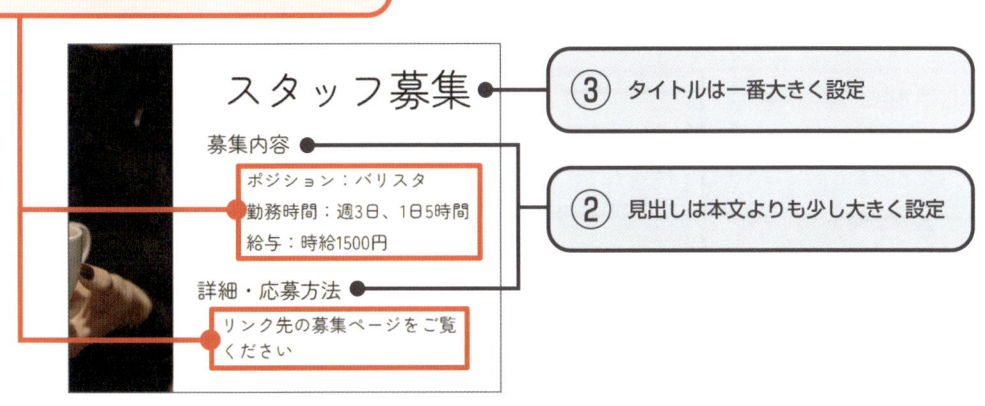

③ タイトルは一番大きく設定

② 見出しは本文よりも少し大きく設定

● 文字の強調には「エフェクト」を使う

見出しの背面にある帯には、「エフェクト」という機能を使います。
エフェクトは、文字に影や背景色などを付ける機能です。

＜エフェクトの設定例＞

募集内容	**募集内容**
影付き	背景

🖱 操作　文字にエフェクトを設定する

❶ 文字を選択

❷ 「エフェクト」をクリック

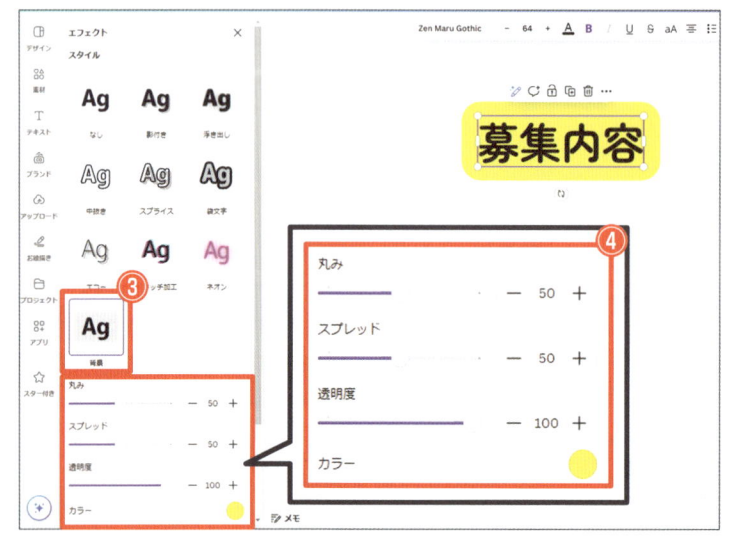

❸ エフェクトの種類を選択

❹ エフェクトの詳細を設定
色や形状などを指定します。

● アイコンやイラストには「グラフィック」を使う

Canva には、アイコンやイラストなど様々なグラフィックが
用意されており、写真や図形と同じように「素材」のメニュー
から検索、追加することができます。
チェックマークを表現したいときには、このグラフィックを
使うと効果的です。

募集内容
- ☑ ポジション：バリスタ
- ☑ 勤務時間：週3日、1日5時間
- ☑ 給与：時給1500円

🖱 操作　グラフィックを追加する

① 「素材」をクリック

② 検索ボックスにキーワード
を入力して検索

③ 「グラフィック」をクリック

④ 追加したいグラフィックを
クリック

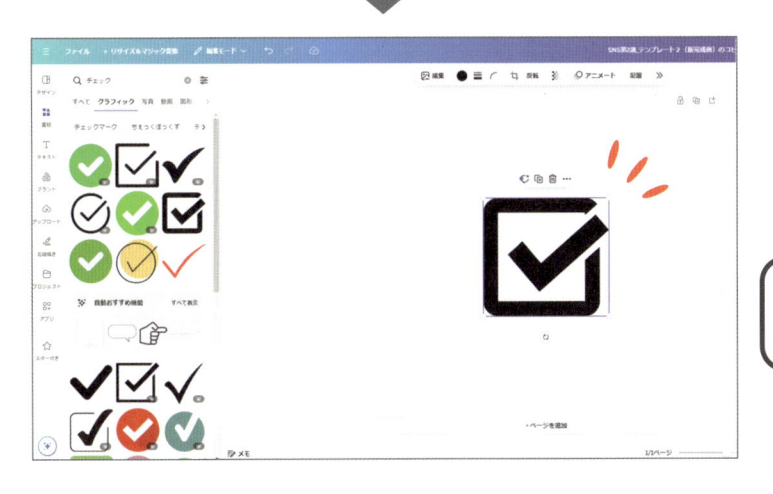

サイズ変更や移動、色の変更
などは、図形と同じ操作です。

3 セミナー告知のバナーを作る

以下の完成見本と作成のポイントを参考に、セミナー告知のバナーを作成しましょう。

準備 素材テンプレート「Chapter07_03_素材」を開きましょう。

完成見本

Chapter07_03_素材

女性のための
資産運用
セミナー
参加無料 オンライン
2025 10.21 Tue 13:00-15:00

デザインの詳細な設定について

▶ 写真は、完成見本のタイトルや見出しを参考に、適したものを検索して追加してください。

▶ 文字サイズやフォント、色など、詳細な設定については、テンプレート素材「Chapter07_03_完成見本」をご確認ください。

作成のポイント

- 写真の背景を除去する
- オブジェクトを組み合わせてパーツを作る
- 背景に写真を設定する
- 背景を透明にして人物や文字を引き立たせる
- 写真上の文字を見やすくする
- レイヤー機能で重なり順を変更する
- グラデーションを使って全体を装飾する

● 写真の背景を除去する

人物の写真は、背景を削除して使います。
背景の除去は以下の方法で行いましょう。

（検索キーワード：「女性　日本人」など）

🖱 操作　写真の背景を除去する

❶ 写真を選択

❷ 「背景除去」をクリック

人物以外の背景の部分が除去されます。

除去した背景を元に戻す方法

① 写真を選択

② 「編集」をクリック

③ 「背景除去」をクリック

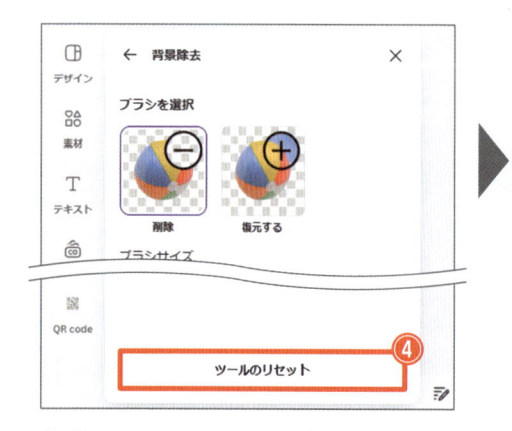

④ 「ツールのリセット」をクリック

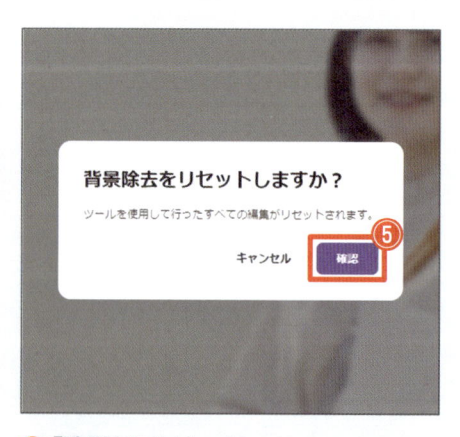

⑤ 「確認」をクリック

Chapter 07

● オブジェクトを組み合わせてパーツを作る

「資産運用」「オンライン」「参加無料」の部分は、文字や図形、グラフィックを組み合わせて作ります。

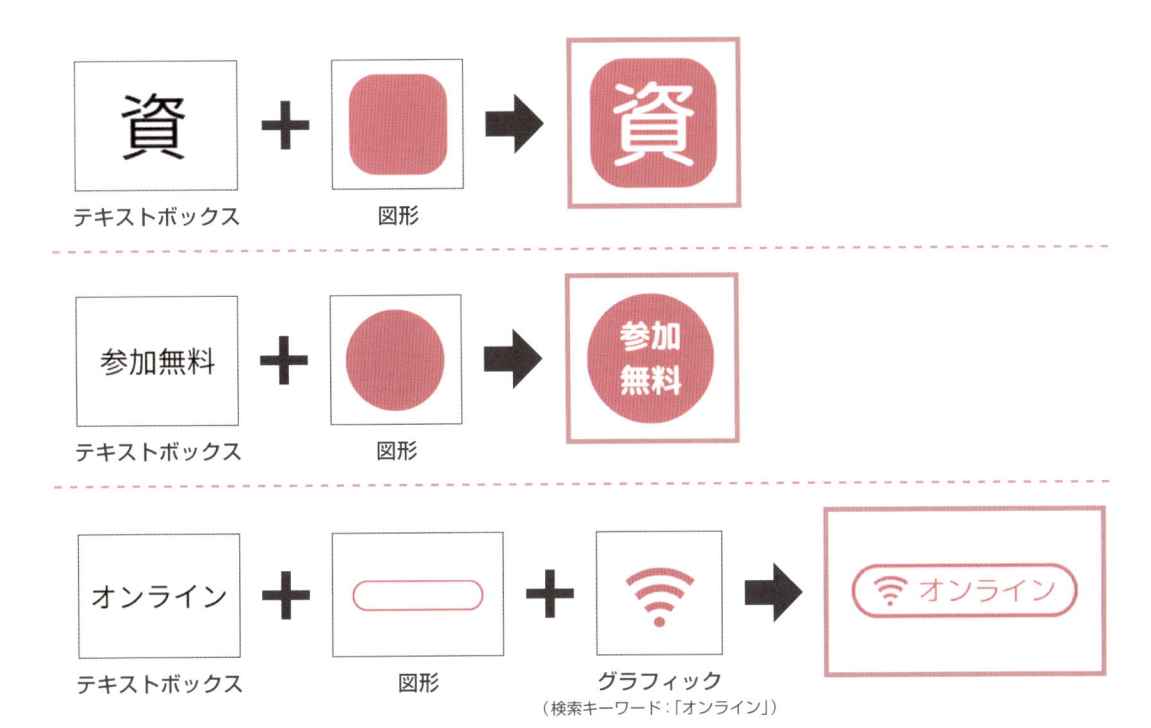

 組み合わせたオブジェクトは「グループ化」しておく

グループ化した文字や図形は、1つのオブジェクトとして扱えるようになるため、配置調整などの作業が行いやすくなります。
複数の図形や文字を組み合わせた場合は、それらをグループ化しておきましょう。

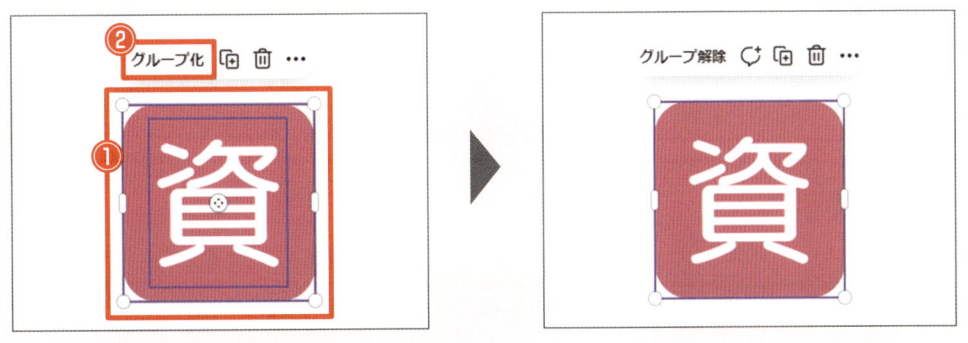

❶ グループ化するオブジェクトを複数選択
❷ 「グループ化」をクリック

「複製」を使って効率よく作成！

「資産運用」の部分は、以下のように複製を使って効率よく作りましょう。

1つを作成してグループ化

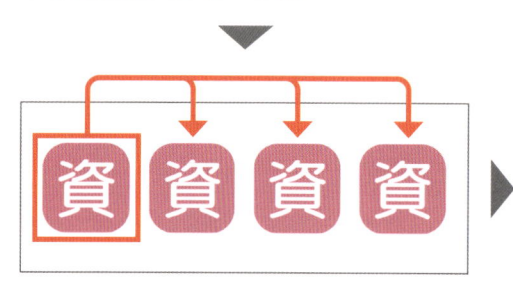

複製して残りの3つを作成　　　文字を変更

 ## 一覧にない色は「検索」しよう！

色の設定メニューにある検索ボックスに色名を入力すると、関連する色が検索されます。
使いたい色が一覧にない場合は、検索ボックスから色を検索して使いましょう。

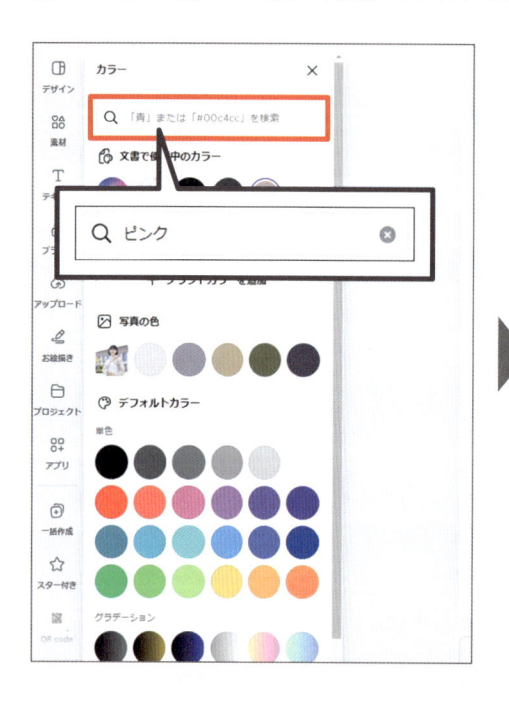

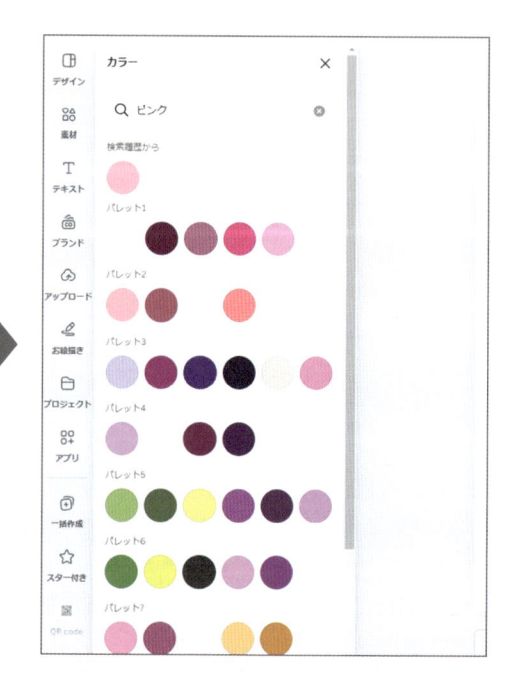

● 背景に写真を設定する

背景には、街の写真を設定しています。写真を追加し、以下の方法で背景に設定しましょう。

＜作成の流れ＞

写真を追加
（検索キーワード：「街」「オフィス街」など）

写真を背景に設定

Chapter 07

🖱 操作　背景に写真を設定する

❶ 写真を追加

❷ 写真を右クリック

❸「画像を背景として設定」を
クリック

写真が背景に設定されます。

背景を半透明にして人物や文字を引き立たせる

写真の手前に置いた文字や人物は、写真にまぎれて印象がぼやけてしまいがちです。
背景に設定した写真を少し透明にすることで、手前に配置した人物や文字が明確になります。

操作 オブジェクトの透明度を変更する

❶ オブジェクトを選択

　ここでは背景を選択します。

❷ ▦ をクリック

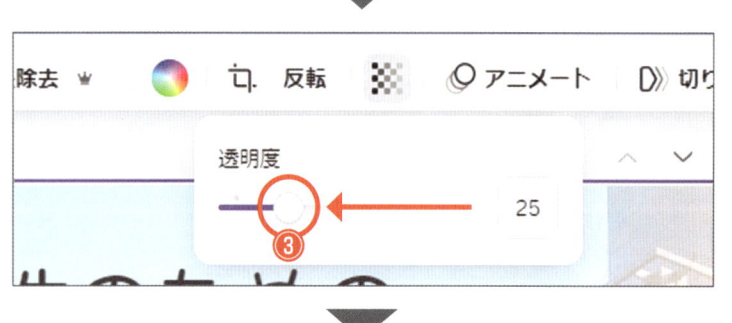

❸ 透明度を調整

背景の写真が半透明になり、人物や文字が目立つようになります。

● 写真上の文字を見やすくする

日付や時間がさらに見やすくなるように、文字の背面に透明の図形やぼかしのグラフィックを配置します。

透明の図形

グラフィック
（検索キーワード：「ぼかし」）

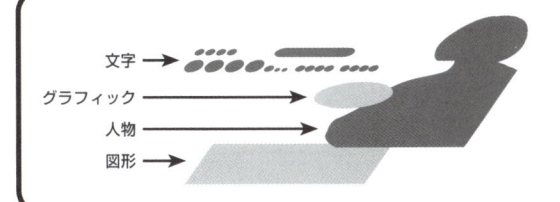

文字 →
グラフィック →
人物 →
図形 →

上から「文字」→「グラフィック」→「人物」→「図形」の重なり順で配置します。
今回のような複雑なデザインの重なり順を変更するときは、「レイヤー機能（次ページ）」を使うと便利ですよ！

107

● レイヤー機能で重なり順を変更する

「レイヤー」機能を使うと、文字や図形の重なり順をドラッグ操作で簡単に変更することができます。
たくさんのオブジェクトを使った複雑なデザインを作成するときに便利な機能です。

🖱 操作 　レイヤーを変更する

❶ 四角形の図形を追加して選択

❷ 「配置」をクリック

❸ 「レイヤー」をクリック

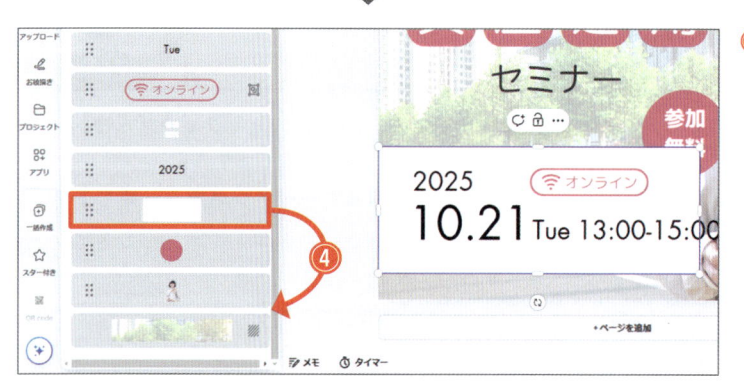

❹ 重なり順を変更するレイヤーをドラッグで移動

白い図形が人物の背面に移動します。

● グラデーションを使って全体を装飾する

背景の1つ手前に、グラデーションをかけた半透明の図形を大きく配置して、全体を装飾します。

＜作成の流れ＞

円の図形を大きく配置

図形にグラデーションを設定

図形の透明度を変更

🖱 操作　図形にグラデーションを設定する

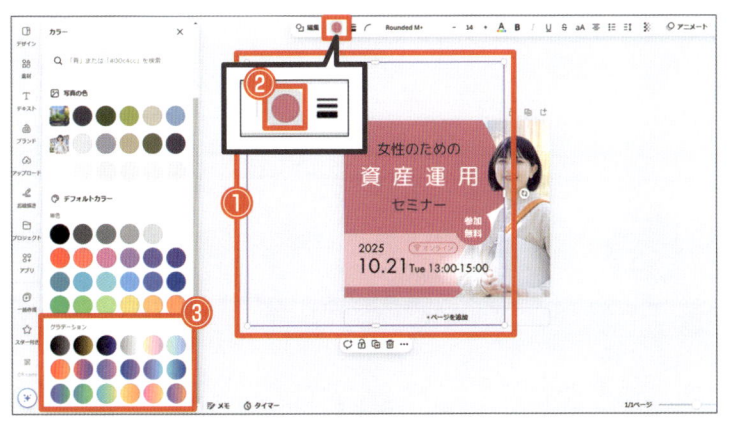

❶ 円の図形を追加して選択

❷ ●（カラー）をクリック

❸ グラデーションの一覧から色を選択

円の図形の色にグラデーションが設定されます。

グラデーションのスタイルを変更する

グラデーションは、以下の方法で形や方向を変更することができます。

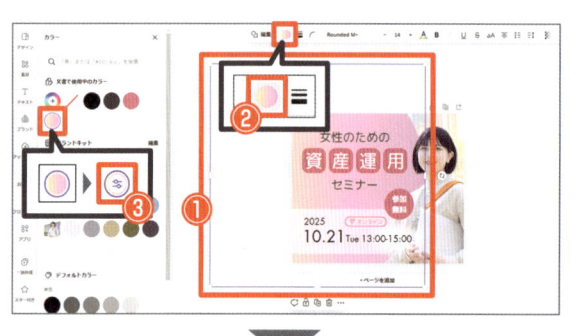

① 図形を選択

② ●(カラー)をクリック

③ 使用中の色(紫色の枠が表示されているもの)をクリック

※ マウスポインターを合わせると、色のボタンが ⊛ に変わります。

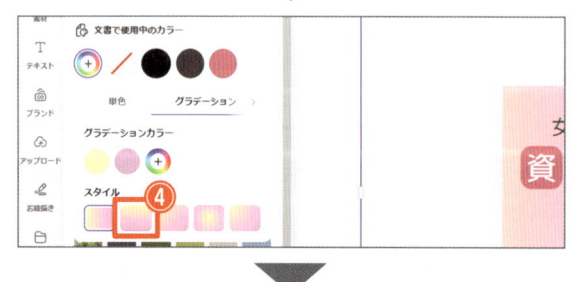

④ スタイルを選択

Chapter 08

インスタ紙芝居を
作ろう

使用する素材

素材テンプレート	・あおぞらマーケット ・Chapter08_02_完成見本
素材ファイル ※「Chapter08_素材」フォルダー	・店舗紹介.txt

1 インスタ紙芝居とは

情報量の多い投稿におすすめの投稿形式

「インスタ紙芝居」とは、画面をスライドしながら閲覧する Instagram 特有の投稿形式です。
複数の画像を組み合わせて、紙芝居のようにストーリーを展開していきます。
段階的に情報を伝えることができるため、情報量の多い「イベント告知」や「商品紹介」、
「ハウツー解説」などの投稿におすすめです。

＜例：ブックカバーの作り方の解説＞

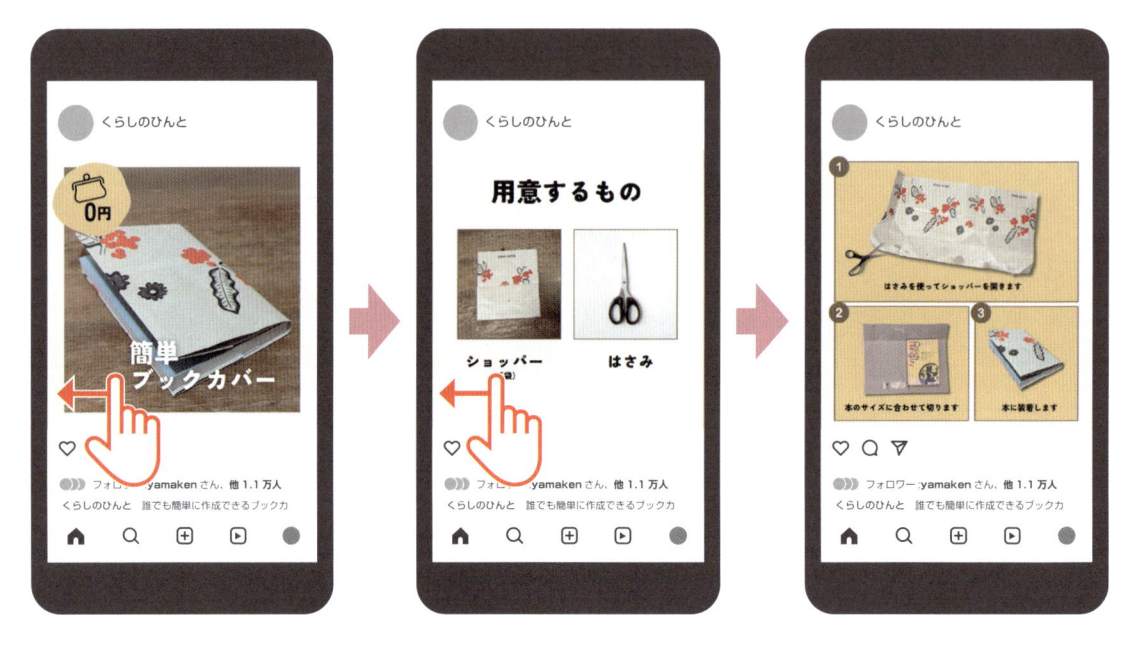

＜インスタ紙芝居の活用例＞

- **「商品の紹介」**・・・・・・・新商品の機能や使い方をわかりやすく説明する
- **「イベント告知」**・・・・・・イベントの内容や魅力を、ストーリー形式で告知する
- **「キャンペーン告知」**・・・・キャンペーンの内容や参加方法をわかりやすく説明する
- **「ハウツー解説」**・・・・・・レシピや DIY の方法などを手順を追って説明する

インスタ紙芝居の構成

インスタ紙芝居の基本的な構成は、以下の通りです。

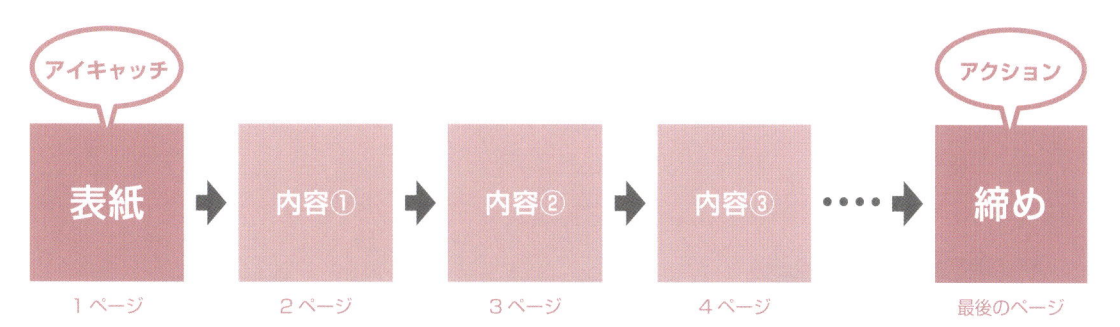

● 1ページ目にアイキャッチとなる表紙を入れる

1ページ目は、Instagram上で最初に表示される画像です。ユーザーの興味を引き、続きが読みたくなるような表紙を作成しましょう。

● 最後のページは「アクションにつながる情報」で締める

最後のページでは、見たユーザーにどういったアクションを起こしてほしいのかを伝えます。
「どこで買えるのか？（商品紹介）」「いつどこに行けばいいのか？（イベント告知）」などのように、ユーザーの次のアクションにつながる情報で締めましょう。

インスタ紙芝居の作り方

まずはラフを考えよう！

インスタ紙芝居は情報量が多いため、構成をしっかり考えることが重要です。
いきなりCanvaで作り始めるのではなく、まずは「何を」「どのような順番で」伝えるかを考えて、手書きのラフ等を作っておきましょう。

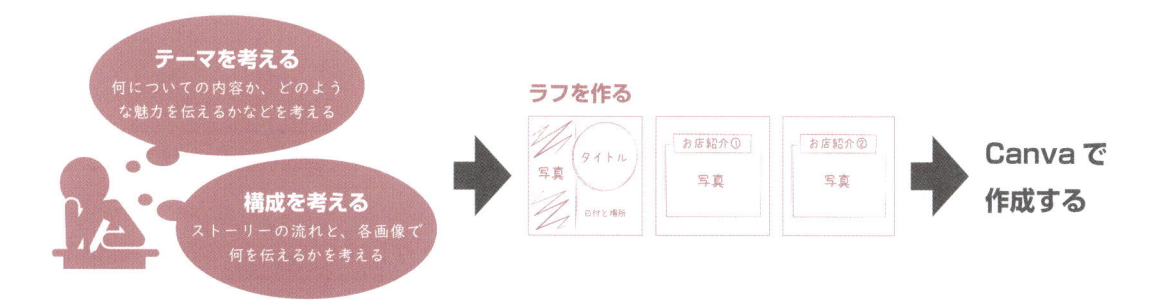

ラフを考えるのは、非常に重要であると同時に最も大変な作業です。
悩んだときは、他のメンバーや上司に相談しましょう。

 # 複数ページのコンテンツを作る際のポイント

全ページのデザインを統一する

ページごとに異なるデザインで作成すると、各ページが別のコンテンツであるように見えるため、視線を誘導しにくくなります。

インスタ紙芝居のように複数ページのコンテンツを作成するときは、「色」「フォント」「サイズ」「配置」などのデザイン要素をすべてのページで統一するようにしましょう。

見出しの「サイズ」や「配置」を統一

「フォント」を統一

背景の「色」を統一

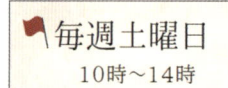

実際のインスタ紙芝居を見てみよう！

Instagram 上には、他の企業によるインスタ紙芝居が数多く投稿されています。

様々なインスタ紙芝居を確認して、デザインの参考にしましょう。

2 インスタ紙芝居を作る

完成見本を参考に、イベントの告知をインスタ紙芝居の形式で作成しましょう。

※ 作成の流れについては P.117 参照

準備 今回は、横長（Facebook サイズ）のキャンバスを使って、白紙の状態から作成します。

Facebook の投稿の一覧※から「空の Facebook の投稿を作成」をクリックし、白紙のキャンバスを表示しましょう。

※「テンプレート」→「SNS」→「Facebook の投稿」をクリック

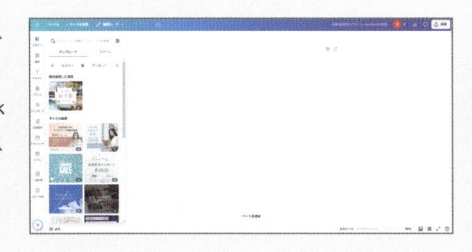

完成見本

1ページ目（表紙）

2ページ目

3ページ目

4ページ目

5ページ目

6ページ目（最終ページ）

デザインの詳細な設定について

▶ 写真は、完成見本のタイトルや見出し（お店の情報など）を参考に、適したものを検索して追加してください。

▶ 文字サイズやフォント、色など、詳細な設定については、テンプレート素材「Chapter08_02_完成見本」をご確認ください。

● 原稿を用意しておく
● 情報量の多いページから作る

● 原稿を用意しておく

SNS バナーに記載する「タイトル」や「キャッチコピー」、「日付」などは、非常に重要な情報です。
間違いがないようにあらかじめ原稿をメモ帳などで作成し、文字情報はそこからコピー＆ペーストで入力するようにしましょう。

原稿からコピー＆ペーストで入力する

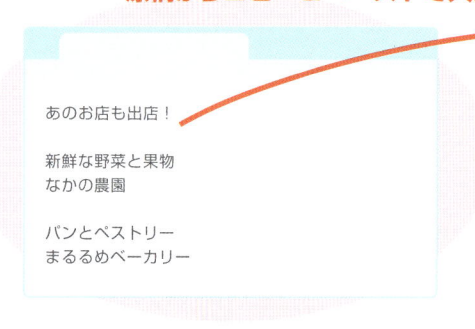

今回は、素材ファイル「店舗紹介 .txt」から文字情報をコピーして作成します。

● 情報量の多いページから作る

インスタ紙芝居では、デザインを統一するために、タイトルなどのパーツは同じものを使います。このような場合は、最も情報（パーツ）の多いページを最初に作成し、それを複製しながら他のページを作ると効率的です。

※ ページを複製する方法については P.121 参照

一番パーツの多い「5 ページ目」を最初に作る

複製し、見出しや背景、レイアウトなどを生かして他のページを作る

作成の流れ

■ Step1：「余白」を表示する

大事な情報は「余白」の内側に配置

画像の端に配置した情報は、投稿時に「ページ数」などの SNS 側の表記マークと重なってしまうことがあります。以下の方法で「余白」の枠線を表示し、文字などの大切な情報はその内側に配置するようにしましょう。

🖱 操作　余白を表示する

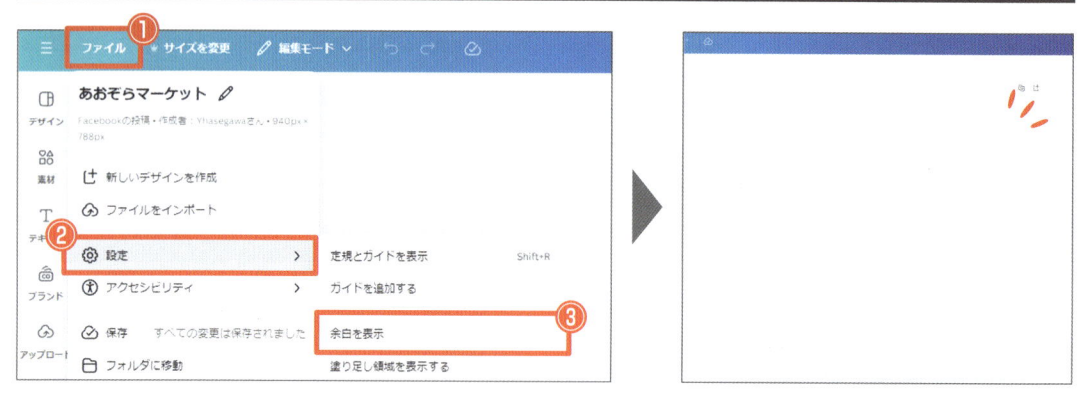

❶ 「ファイル」をクリック

❷ 「設定」をクリック

❸ 「余白を表示」をクリック

■ Step2：「5ページ目」を作る

「グリッド」機能を使って写真をきれいに配置！

5ページ目の写真は、「グリッド」という機能を使って追加します。これは、複数の写真をきれいに配置したい場合に便利な機能です。

グリッド

5ページ目

⏱ 操作　グリッドを使って写真を追加する

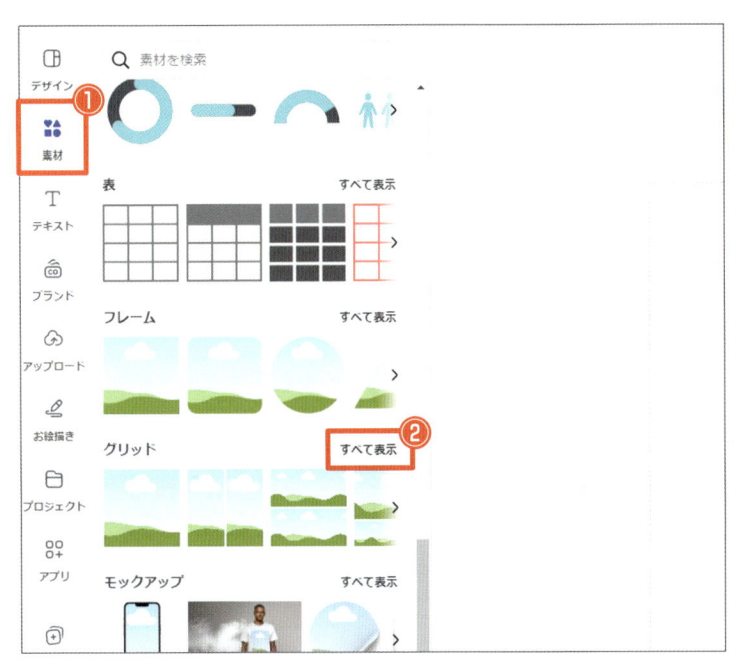

① 「素材」をクリック

② 「グリッド」の「すべて表示」
　をクリック

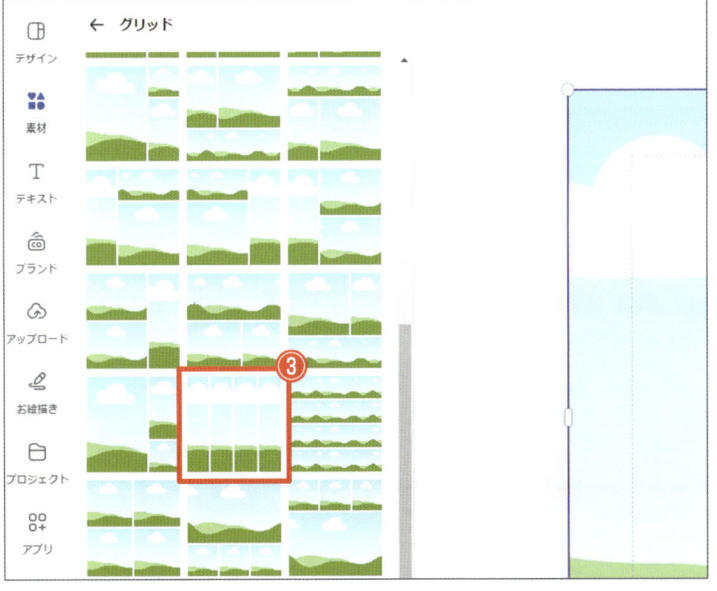

③ 追加するグリッドをクリック

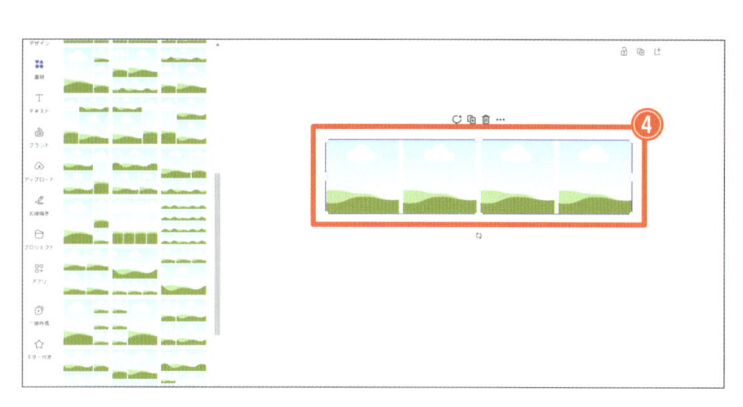

④ グリッドのサイズ、配置を調整

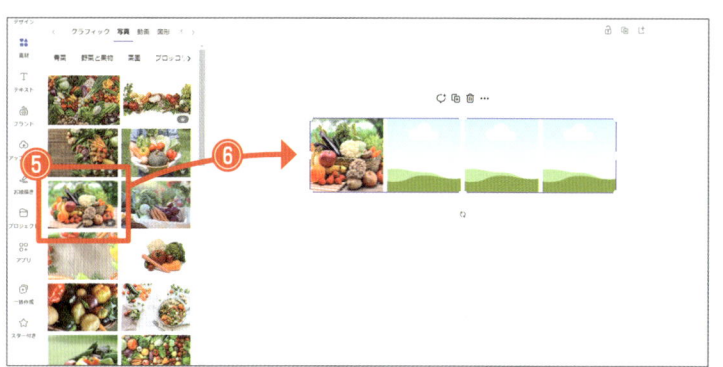

⑤ 追加する写真を表示

⑥ グリッドに写真を追加

> グリッドのサイズ変更や
> 移動、写真の追加方法は、
> フレームと同じ操作です。

その他の編集内容

※ 文字情報は、素材ファイル「店舗情報 .txt」からコピー＆ペーストして入力しましょう。

文字と図形を組み合わせて
タイトルを作成

見出しにエフェクトを設定

背景に紙の写真を設定
・写真の検索キーワード：「paper」

■ Step3：「2ページ目」を作る

5ページ目を複製して見出し以外を作り変える

完成した5ページ目を複製し、見出し以外の部分を編集して「2ページ目」のデザインに作り変えましょう。

2ページ目

Chapter 08

ページの「複製」／「削除」／「追加」

ページの複製や削除、追加の操作は、キャンバスの右上にあるボタンで行えます。

ページを複製
現在のページを複製します。

ページを削除
現在のページを削除します。

ページを追加
空のページを追加します。

■ Step4：「3〜4ページ目」を作る

2ページ目を複製して写真と文字を差し替える

2〜4ページ目は、全く同じレイアウトです。

2ページ目を作成したら、それを複製して3〜4ページ目を作成しましょう。

2ページ目

複製して作り変える

3ページ目

4ページ目

■ Step5：「表紙」を作る

テンプレートを利用する

表紙はアイキャッチの役目があるため、デザイン性が求められます。このような場合は、Canva に用意されているテンプレートを利用しましょう。

今回は、素材のテンプレートからデザインをコピー＆ペーストして利用します。

素材「あおぞらマーケット」

ページをコピー＆ペースト

作り変える

表紙

フォントに注意！
コピー＆ペーストしたページには、作成中のデザインとは異なるフォントが使われているかもしれません。その場合は、他のページに合わせてフォントを揃えましょう！

① **コピー元のテンプレートを
開く**

② **サムネイルを表示**

🖳 をクリックし、ページのサムネイルを
表示します。

※ すでにサムネイルが表示されている場合
は、この操作は不要です。

③ **コピーするページのサムネ
イルを選択**

④ **ページをコピー**

・Windows の場合 …「Ctrl」キー＋「C」キー
・Mac の場合 …「command」キー＋「C」キー

⑤ **コピー先のデザインを表示**

⑥ **ページをペースト**

・Windows の場合 …「Ctrl」キー＋「V」キー
・Mac の場合 …「command」キー＋「V」キー

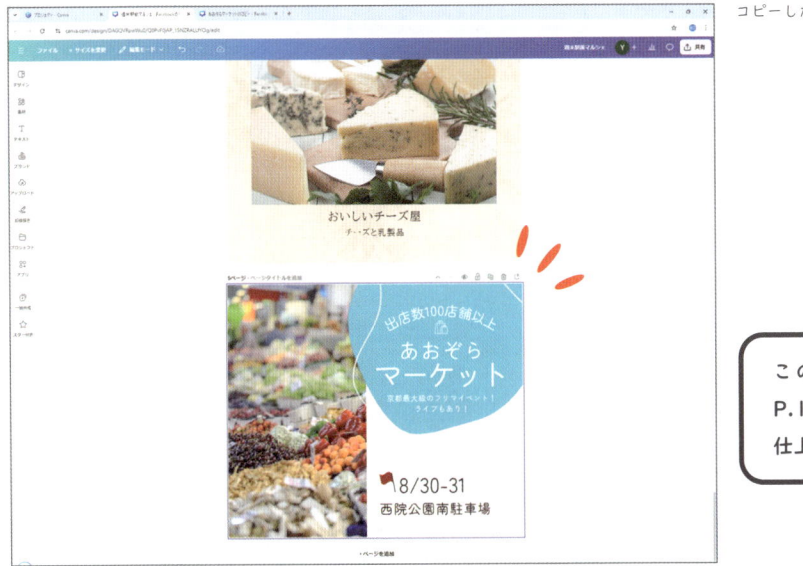

コピーしたページが追加されます。

このページを作り変えて、
P.123 下図のような表紙に
仕上げましょう。

■ Step6：「最後のページ」を作る

表紙を複製してタイトル以外を作り変える

今回は、表紙で使用しているタイトルなどのパーツを最後のページにも使用しています。
表紙を複製し、タイトルや背景以外を編集して最後のページに作り変えましょう。

表紙

複製して
作り変える

最後のページ

■ Step7：ページを正しい順番に入れ替える

「グリッドビュー」を使う

ページの入れ替えには、「グリッドビュー」を使用します。

「グリッドビュー」は、すべてのページを1つの画面に表示する表示形式です。ドラッグ操作で簡単にページの順番を変更することができます。

＜グリッドビュー＞

Chapter 08

🖱 操作　グリッドビューでページの順番を入れ替える

❶ 品(グリッドビュー)を
クリック

❷ 移動するページをドラッグ

移動先にドラッグし、青い線が表示され
たらドロップします。

グリッドビューを終了する場合は、再度品をクリックしましょう。

■ Step8：次ページへ誘導するマークを追加する

Instagram で複数の写真を見てもらうには、画面をスワイプさせる必要があります。次のページに続くことが伝わるように、各ページには矢印などのマークを入れましょう。

※ 最終ページには不要です。

3 バナー作成に使える機能

Canva には、これまでに紹介したもの以外にも様々な機能があります。
ここでは、バナーを作成する上で便利な、おすすめの機能やテクニックを紹介します。

フレームとグリッド

「フレーム」と「グリッド」は、どちらも画像を切り抜く機能ですが、用途は異なります。
目的に沿った使い方ができるように、その違いを理解しておきましょう。

フレーム … 1 枚の画像を様々な形に切り抜く（デザイン）

フレームは、画像を様々な形に切り抜く機能です。
写真を図形で切り抜いて飾りたいときは、フレームを
使用しましょう。

グリッド … 複数の画像をきれいに配置する（レイアウト）

グリッドは、レイアウトを整えるための機能です。
右のように複数の写真を並べたい場合にグリッドを
使うと、レイアウトを揃えたまますべての写真をまと
めて調整できます。複数の写真をきれいに配置したい
ときは、グリッドを使用しましょう。

	フレーム	グリッド
画像の配置	1 枚の画像を枠内に配置	複数の画像を規則的に配置
形状	様々な形状（四角形・円形など）	規則的な格子状の分割
用途	デザイン	レイアウト

反転

反転を使ってグラフィックの種類を増やす！

「反転」は、Chapter07（P.94）のように写真を反転させるだけではなく、グラフィックを使う際にも活用できます。例えば以下のような「飾り枠」のグラフィックは、上下左右の4種類が必要です。しかし、グラフィックのライブラリには1種類しか用意されていないことがあります。

そのような場合は、その1種類を反転させて残りの種類を作成しましょう。

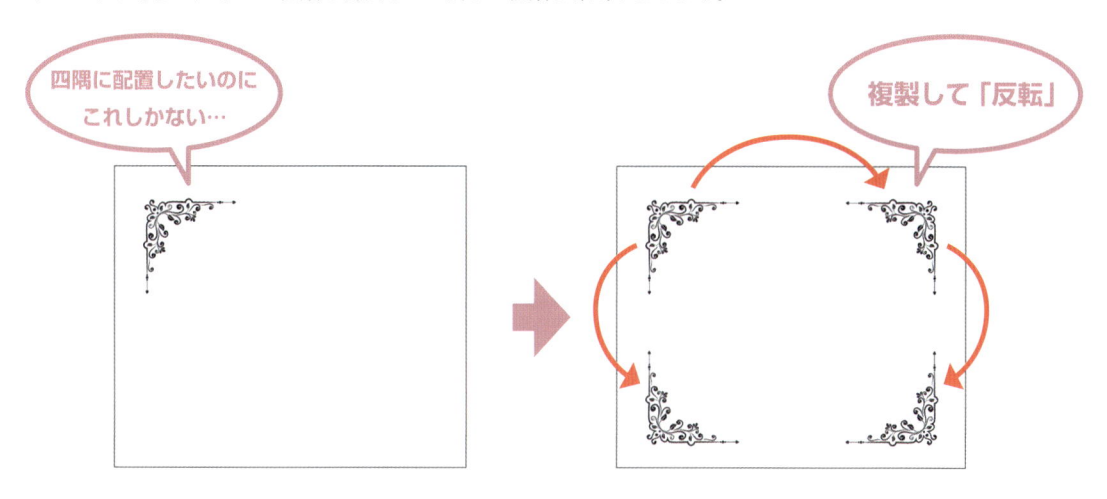

四隅に配置したいのにこれしかない…

複製して「反転」

マジック拡張

写真の足りない部分を AI が拡張してくれる！

「マジック拡張」は、写真の外側にある足りない部分を AI 技術で拡張する機能です。画像のサイズを変えたいときや、画像を拡張して余白を埋めたい場合などに使用します。

写真の要素を基に
AI が拡張

こんなときは「マジック拡張」

被写体がフレームからはみ出してしまうとき

左下のような構図の写真を円のフレームで切り抜くと、被写体がフレームからはみ出してしまうことがあります。頭と足を円の中に入れるには、画像の高さ（上下）がもっと必要になるためです。

このような場合は、「マジック拡張」を使って、写真の周囲（ここでは特に上下）を拡張しましょう。フレームの外側に余裕が生まれ、右下のように写真を縮小して被写体をフレーム内に収めることができるようになります。

写真を拡張すると ➡

頭と足がフレームの外側に…

被写体がフレームに収まる！

操作　マジック拡張で写真を拡張する

❶ 写真を選択

❷ 「編集」をクリック

❸ 「マジック拡張」をクリック

④ 「カスタム」を選択

⑤ 写真の四隅をドラッグして
拡張範囲を調整

⑥ 「拡張」をクリック

⑦ 結果を選択

4パターンの結果が表示されます。自然に
拡張されているものを選びましょう。

⑧ 「完了」をクリック

マジック消しゴム

写真内の不要なものを消すことができる！

「マジック消しゴム」は、写真内にある不要なものを、自然な形で消すことができる機能です。

写ってはいけないものや見栄えの悪いものが写りこんでいるときは、マジック消しゴムで削除しましょう。

🖱 操作　マジック消しゴムで不要なものを消す

❶ 写真を選択

❷ 「編集」をクリック

❸ 「マジック消しゴム」を
　クリック

❹ 消したい部分をドラッグで
　なぞる

❺ 「削除する」をクリック

❻ 「×」をクリックして画面を
　閉じる

うまくいかないときは2段階で行う

マジック消しゴムは、1回の修正でうまく修正できるとは限りません。
きれいに消せなかった場合は、同じ部分にもう一度マジック消しゴムを適用してみましょう。

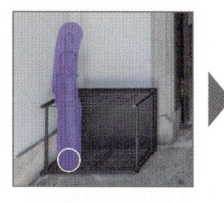    

1回で消せないときは…　　　　　**再度「マジック消しゴム」！**

マジック消しゴムを解除する方法

マジック消しゴムで消したものを元に
戻したいときは、「マジック消しゴム」
の画面を表示して「ツールのリセット」
をクリックします。

ツールのリセット

マジックリサイズ

キャンバスのサイズや形をあとから変更できる！

「マジックリサイズ」は、キャンバスのサイズや形を変更する機能です。
作成したバナーを別のSNS用に作り変えたいときなどに使用しましょう。

Facebookサイズを …　　　　　　　　　　**Twitter（横長）サイズに！**

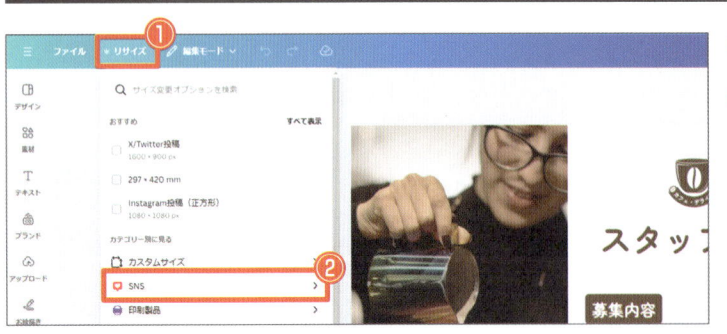

❶ 「リサイズ」をクリック

❷ サイズを選択

　ここでは「SNS」をクリックし、「X/Twitter
　投稿」にチェックを入れます。

❸ 「コピーとサイズ変更」を
　クリック

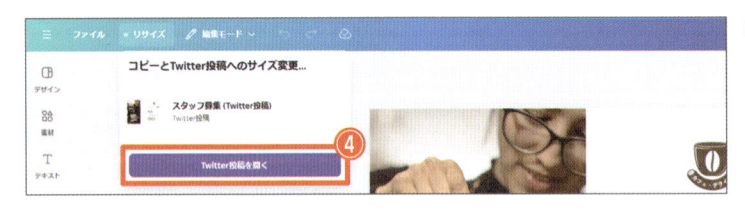

❹ 「○○を開く」をクリック

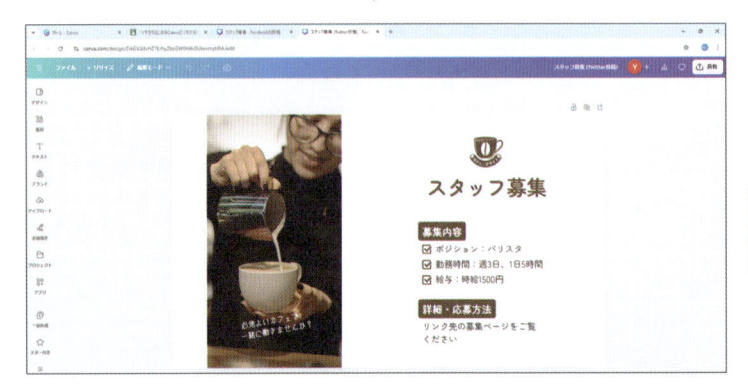

リサイズしたキャンバスが新しいタブで開き
ます。

リサイズができたらレイアウト
を適宜調整しましょう。

Chapter 09

はがきを作ろう

使用する素材

素材テンプレート	・Chapter09_03_素材 ・Chapter09_03_完成見本 ・Chapter09_04_素材 ・Chapter09_04_完成見本
素材ファイル	なし

1 Canva における DTP とは

パソコンを使って印刷物のデザインを行うこと

DTP とは、「DeskTop Publishing」の略で、パソコンを使って印刷物のデザインやレイアウトを行うことです。

Chapter09 〜 13 では、この DTP に必要な知識や気をつけるべきことを学習し、はがきやチラシなどの仕事に使える印刷物を作成します。

＜ DTP で作成する印刷物の例＞

ポスター／チラシ

名刺

パンフレット

印刷物制作における Canva の役割

印刷物は、一般的には以下のような流れで作成します。このうち、**3** で行うデザイン、レイアウトの作業が「DTP」と呼ばれるもので、Canva を使って行える作業です。

1 原稿作成
伝える内容を原稿にまとめます。

2 編集
原稿の内容を整理します。

3 デザイン／レイアウト
原稿の内容をもとに紙面を作成します。

4 印刷
印刷業者にデータを提出します。

SNS バナーと DTP の違い

DTP で作成するものは、これまでに作成した SNS バナーと以下の点で異なります。

	SNS バナー	DTP で作成したもの
出力先	ディスプレイ	印刷
大きさの単位	px（ピクセル）	mm ／ cm
ダウンロード形式	PNG	PDF

同じ Canva で作成するものでも、「用途によって出力先や大きさの単位、ダウンロード形式が異なる」ということを覚えておきましょう！

印刷物で使うデータについて

解像度の高い画像（300dpi※以上）を使う

解像度とは、画像の鮮明さを表す指標のことです。
SNS バナーのようにディスプレイで表示するものは、解像度が低くてもきれいに表示されます。しかし、印刷物は非常に細かいインク滴を用いて画像を再現するため、解像度が低いと画像が粗くなってしまいます。
印刷物を作成する際は、300dpi 以上の解像度を持つ画像を使用しましょう。

※ dpi（dots per inch）… 解像度を示す単位で、1 インチ（2.54cm）の中に
　　　　　　　　　　　　ドットが何個並んでいるかで表します。

低 ←————→ 高

Canva の素材画像はそのまま使えます！
Canva に用意されている素材画像は高解像度なのでそのまま使えます。
撮影した写真を使って制作を行う場合は、依頼者やカメラマン等に確認し、高解像度の画像を用意してもらいましょう。

画像の解像度を確認する方法

画像の解像度は、以下の方法で確認することができます。

＜ Windows の場合＞

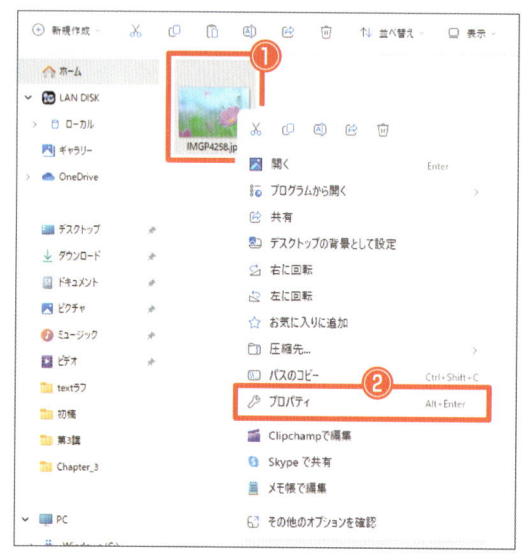

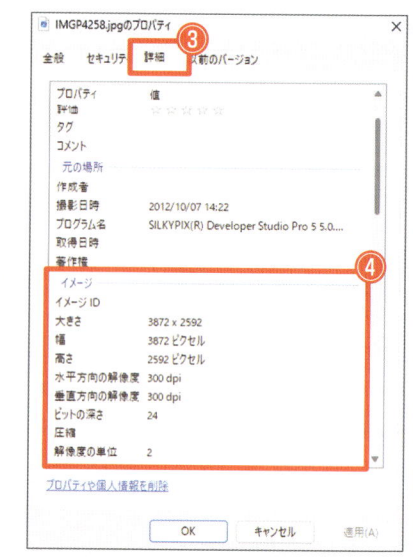

❶ 画像ファイルを右クリック
❷「プロパティ」をクリック

❸「詳細」をクリック
❹ 解像度の表示を確認

＜ Mac の場合＞

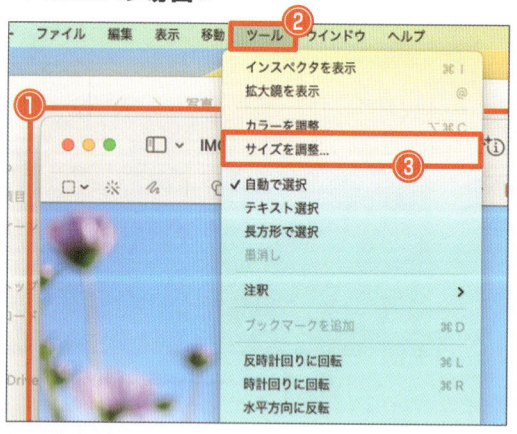

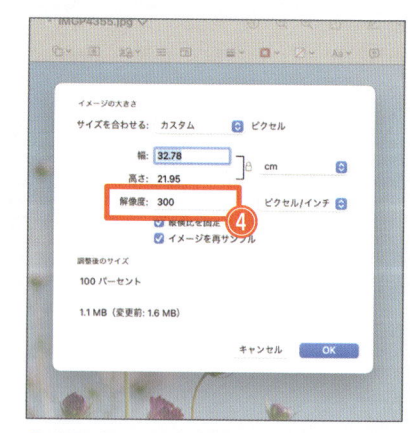

❶ 写真を開く
❷「ツール」をクリック
❸「サイズを調整」をクリック

❹ 解像度の表示を確認

ピクセルとは、画像データを構成する最小単位の点のことで、ドットともいいます。
例えば「3872 × 2592 ピクセル」の画像は、横に 3872 個、縦に 2592 個の点が並んでいます。

2 はがきについて

はがきを作成する前に、はがきの基本的な知識と関連する Canva の機能について確認しておきましょう。

はがきのサイズ

はがきは、日本と海外とでサイズが異なります。そのため、Canva に用意されているテンプレートも、そのテンプレートの作成者によってサイズがバラバラです。

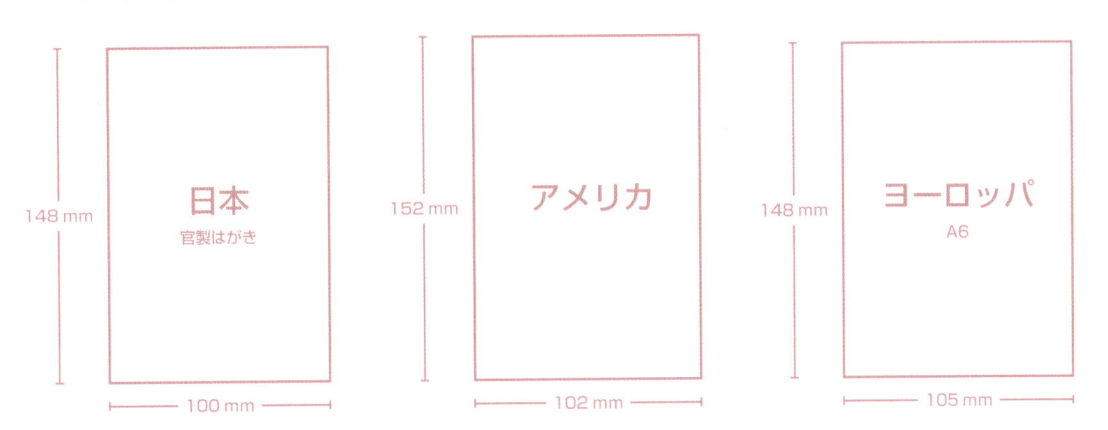

Canva に用意されているテンプレートの多くは、ヨーロッパ（A6）サイズで作成されています。

↓ はがき料金で送ることができるサイズ

日本では、最大で 154 × 107mm、最小で 140 × 90mm の範囲に収まる大きさのものであれば、はがきの料金で送ることができます。

※ 詳しくは、郵便局ホームページをご確認ください。

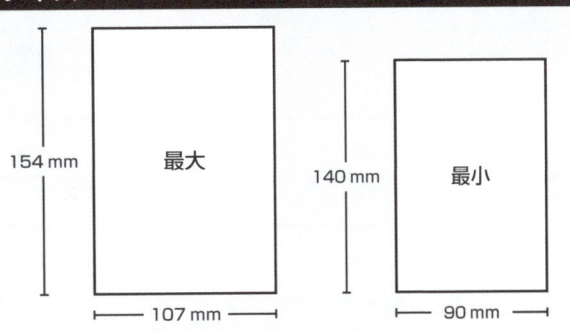

はがきのテンプレートの探し方

「ポストカード」の一覧から選ぶ

はがきのテンプレートは、「メッセージカードと招待状（カードや招待状）」→「ポストカード」のカテゴリーにまとめられています。

✏ テンプレートのサイズを確認する方法

テンプレートのサイズは、選択時の画面で確認することができます。

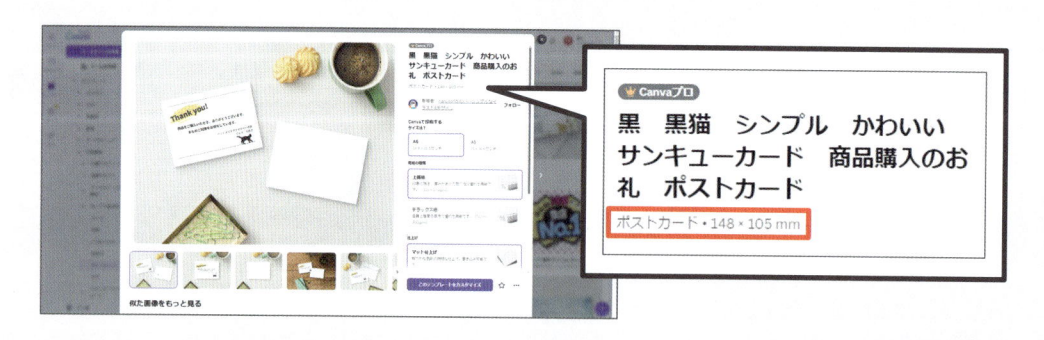

👑 Canvaプロ

黒　黒猫　シンプル　かわいい
サンキューカード　商品購入のお
礼　ポストカード

ポストカード・148 × 105 mm

目的のサイズと違っていた場合は、「マジックリサイズ（P.133）」または「カスタムサイズ（次ページ）」を使って、キャンバスのサイズを適宜変更しましょう。

カスタムサイズ

キャンバスのサイズを最初に指定することができる！

「カスタムサイズ」とは、作成開始時にキャンバスのサイズを指定する機能です。

最初から官製はがきのサイズで作りたい場合などは、カスタムサイズでサイズを指定してから作り始めましょう。

🖱 操作　カスタムサイズでキャンバスのサイズを指定する

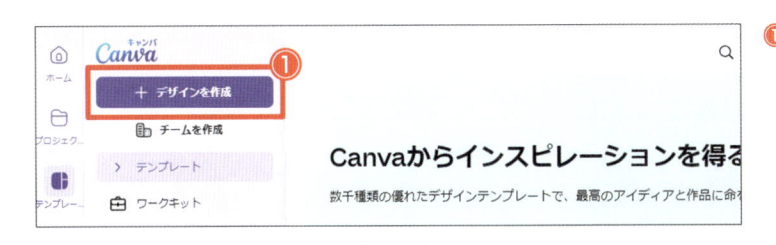

❶ 「デザインを作成」をクリック

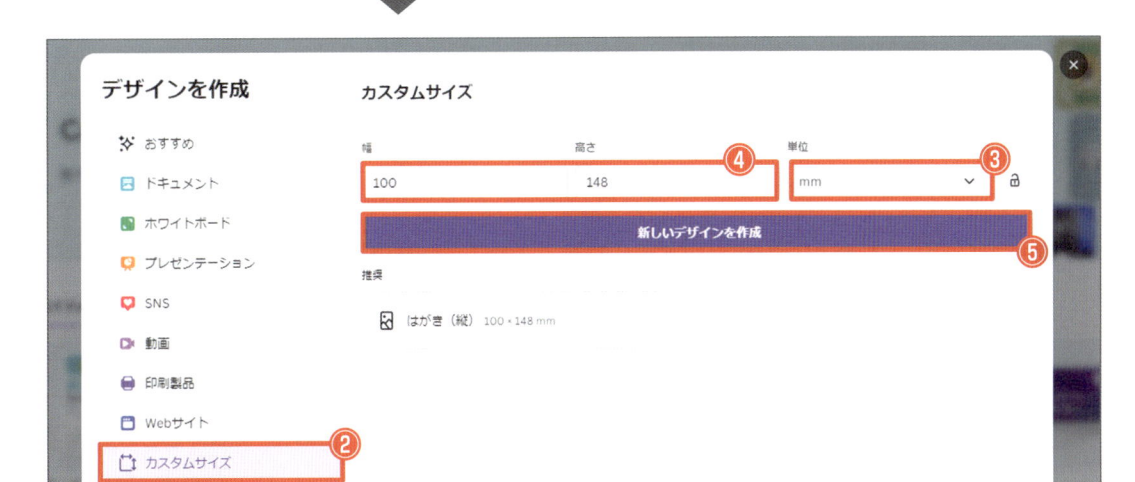

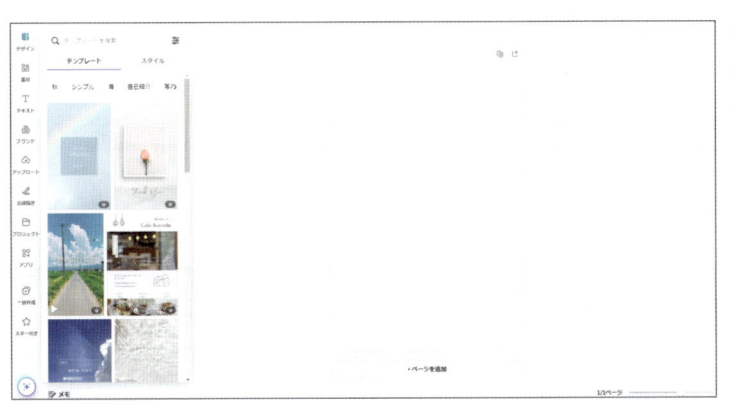

❷ 「カスタムサイズ」をクリック

❸ 単位を「mm」に指定

❹ 幅と高さを指定

❺ 「新しいデザインを作成」を
　クリック

> 単位は最初に設定しましょう。
> 幅や高さを設定した後に単位を変える
> と、それに合わせて幅と高さの数値が
> 修正されてしまいます。

3 はがきを作ろう

以下の完成見本と作成のポイントを参考に、モデルルームの見学会をお知らせするはがきを作成しましょう。

準備 素材テンプレート「Chapter09_03_素材」を開きましょう。

完成見本

Chapter09_03_素材

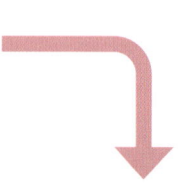

理想の住まい発見！

モデルルーム住所：
〒123-4567 東京都港区六本木

見学可能時間：
毎日 10:00 AM - 6:00 PM

ご予約・お問い合わせ：
ハローハウジング株式会社
電話番号：03-1234-5678 Email：info@example.com

デザインの詳細な設定について

▶ 写真は、完成見本のタイトルや見出しを参考に、適したものを検索して追加してください。
▶ 文字サイズやフォント、色など、詳細な設定については、テンプレート素材「Chapter09_03_完成見本」をご確認ください。

- 形を指定して写真を検索する
- 文字を湾曲させる
- タイトルの色を写真に合わせる

● 形を指定して写真を検索する

フィルター機能を使って縦長の写真だけを表示する

写真の検索結果は、フィルター機能を使って特定の形や色のものだけに絞り込むことができます。

今回のように縦長の写真を使いたい場合などに便利です。

🖱 操作　　フィルター機能で写真を検索する

❶ 写真を検索

「素材」メニューの検索ボックスを使って、写真を検索します。（P.22 参照）

❷ 🎛 をクリック

③ 条件を選択

④ 何もない場所をクリック

⑤ 写真を選んで追加する

● 文字を湾曲させる

文字の「エフェクト」を使う

右のように文字を湾曲させたい場合は、Chapter07（P.98）で学習した「エフェクト」を使います。

操作 エフェクトで文字を湾曲させる

① テキストボックスを選択

② 「エフェクト」をクリック

③ 「湾曲させる」を選択

④ 湾曲の度合を調整

文字が湾曲した形で表示されます。

● タイトルの色を写真に合わせる

タイトル部分の色を写真と合わせることで、デザインに統一感が出ます。
タイトルとグラフィックの色は、カラーパレットの「写真の色」から選びましょう。

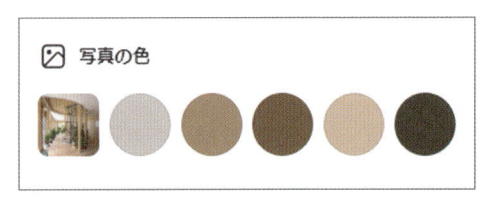

「スポイト」機能で写真から色を選択する

「スポイト」という機能を使うと、写真の中にある色を直接選択することができます。
カラーパレットの「写真の色」にない色を使いたい場合などに使いましょう。

① 文字を選択してカラーパレットを表示
※ Chapter03（P.36）参照

② ⊕ をクリック

③ ✎ をクリック

④ 写真上の選択したい色の部分をクリック

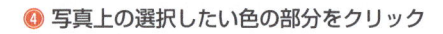

4 宛名面を作ろう

以下の完成見本と作成のポイントを参考に、はがきの宛名面を作成しましょう。

準備 素材テンプレート「Chapter09_04_素材」を開きましょう。

完成見本

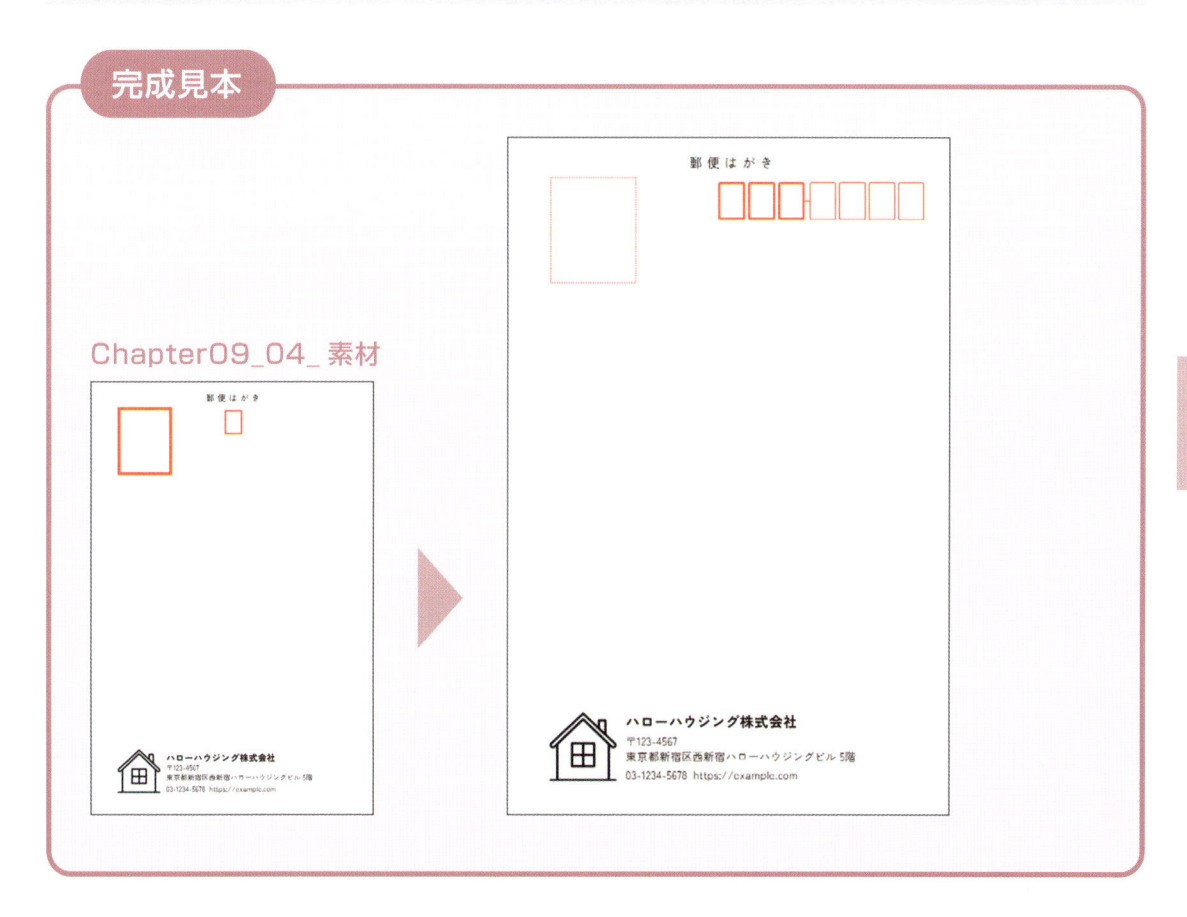

Chapter09_04_素材

デザインの詳細な設定について

▶ 色などの詳細な設定については、テンプレート素材「Chapter09_04_完成見本」をご確認ください。

作成のポイント

● 実物と同じデザインで作る
● ロゴマークと文字の配置を揃える

● 実物と同じデザインで作る

宛名面を自分で作成するときは、郵便局で販売している実際の
はがきと同じデザインになるようにしましょう。
実物をトレースするイメージで作成することで、クオリティー
がアップします。

＜実際の郵便はがき＞

・郵便番号の下4桁の枠が細い
・ハイフンがある
・枠の角が少し丸い

● ロゴマークと文字の配置を揃える

ロゴマークと会社情報は、上部と下部のラインが揃うように配置
を調整しましょう。

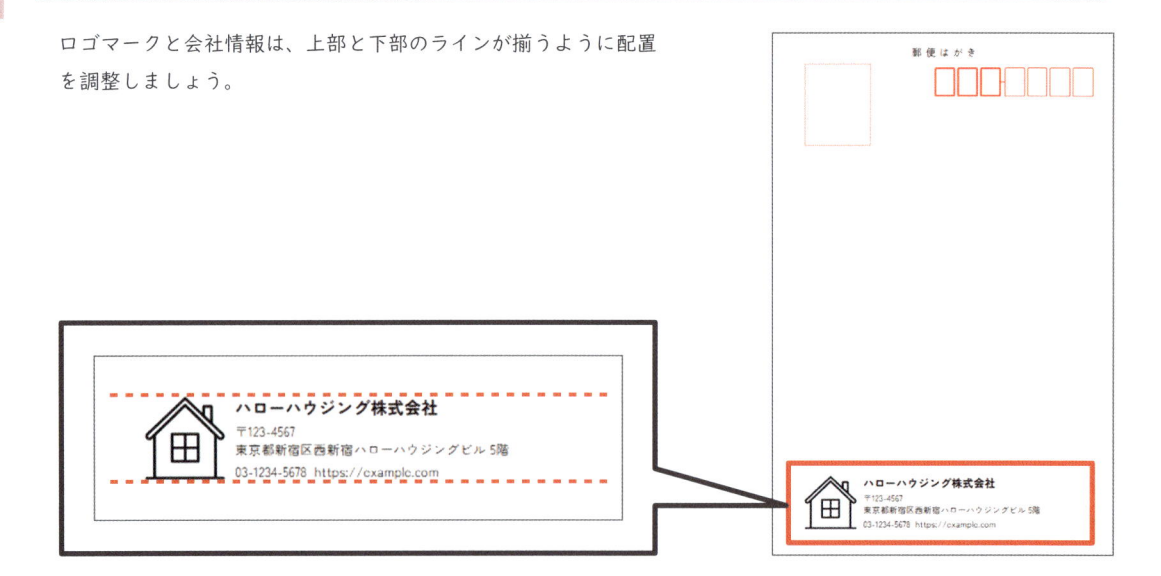

小さな調整ですが、こういった細かい点にまでこだわることが、
プロっぽく仕上げるコツです。

Chapter 10

名刺を作ろう

使用する素材

素材テンプレート	・Chapter10_素材 ・Chapter10_完成見本
素材ファイル ※「Chapter10_素材」フォルダー	・tg_logo.png ・Canva名簿サンプル.xlsx

1 名刺について

Chapter10 では、Canva を使って名刺を作成します。名刺を作成する前に、名刺の基本的な知識や関連する Canva の機能について確認しておきましょう。

名刺のサイズ

日本では、4号サイズがよく使われます。一方、欧米では、ビジネスカードと呼ばれる 51 × 89mm のサイズが主流です。
また、4 号名刺よりひと回り小さい 3 号サイズの名刺もあります。

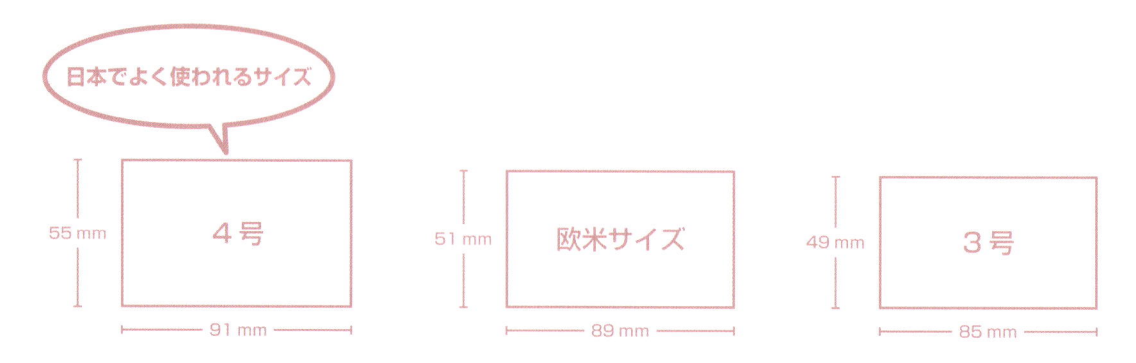

日本でよく使われるサイズ

55 mm	4号
51 mm	欧米サイズ
49 mm	3号

91 mm　　89 mm　　85 mm

Canva に用意されている名刺のテンプレートは、テンプレートの作成者によってサイズがバラバラです。
作り始める前に、テンプレートのサイズを確認しておきましょう。（P.140 参照）

名刺に記載する情報

一般に、名刺に記載する情報には「共通情報」と「個別情報」の2種類があります。

共通情報は、会社全体に関する情報で、社員全員の名刺に共通して記載されます。具体的には「社名」「会社の住所」「会社の電話番号」などです。

個別情報は、「名前」や「部署」など、社員個人によって異なる情報のことです。

個別情報

- 部署 — 営業推進部
- 役職 — PR担当
- 名前 — 樋口　智美　Tomomi Higuchi
- メールアドレス
- 携帯電話番号

共通情報

- ロゴ
- 社名 — 東洋グローバル株式会社
- 住所 — 〒000-0000 東京都千代田区丸の内 東洋グローバルタワー
- 電話番号 — 075-000-000
- URL — https://www.hello-pc.net/

未来を拓く、東洋の力　TG　TOYO GLOBAL

thiguchi@example.com

名刺の裏面も効果的に使う

名刺の裏面は、追加の情報を効果的に伝える場として活用できます。以下は、裏面によく記載されている情報の例です。

- ・会社の理念やビジョン
- ・業務内容やサービスの概要
- ・QRコード
- ・プロモーション
- ・顧客の声や受賞歴
- ・イベント情報

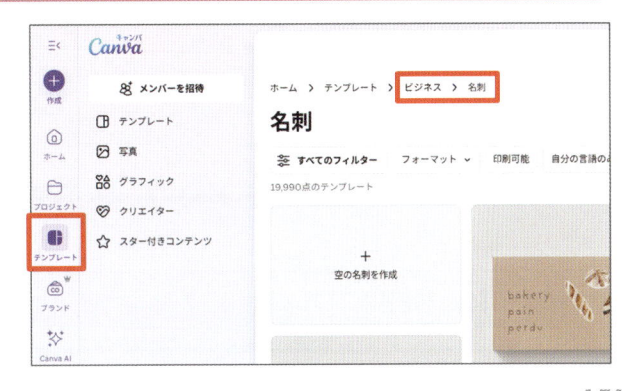

名刺のテンプレートの探し方

「名刺」の一覧から選ぶ

名刺のテンプレートは、「ビジネス」→「名刺」のカテゴリーにまとめられています。

② 名刺を作ろう

以下の完成見本と作成のポイントを参考に、名刺を作成しましょう。

準備 素材テンプレート「Chapter10_素材」を開きましょう。

完成見本

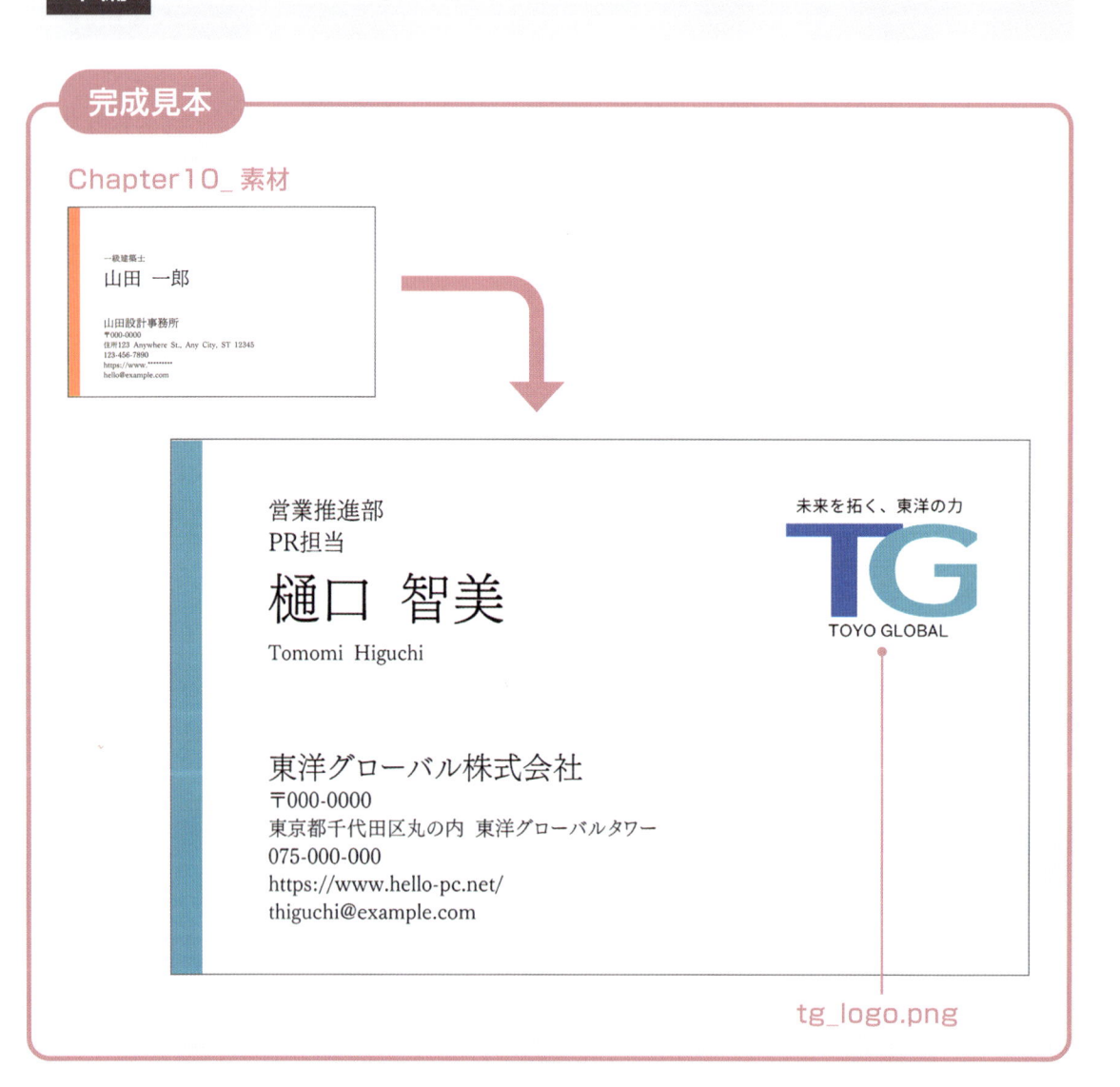

Chapter10_素材

tg_logo.png

デザインの詳細な設定について

▶ 文字サイズやフォント、色など、詳細な設定については、テンプレート素材「Chapter10_完成見本」をご確認ください。

- 各情報は個別のテキストボックスで作る
- フォントサイズは 4 種類
- フォントは「読みやすさ」を基準に選ぶ
- 文字の色はハッキリとしたものを選ぶ

● 各情報は個別のテキストボックスで作る

社員によっては、役職がない人や部署名が不要な人（代表取締役など）、個人のメールアドレスがない人もいます。

情報を削除してもレイアウトがくずれないように、各情報は個別のテキストボックスで作成しましょう。

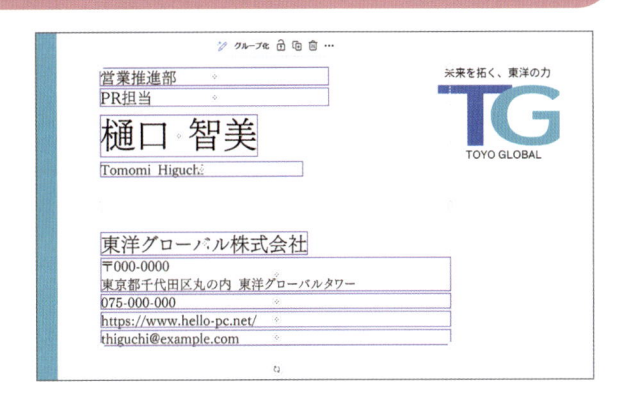

● フォントサイズは 4 種類

各情報は、その重要度に応じてフォントサイズを変えます。

以下は、各情報に適したフォントサイズの目安です。この 4 種類のサイズで作成することで、バランスよくレイアウトすることができます。

名前	17pt
役職・部署名	9pt
会社名	11pt
その他	6pt

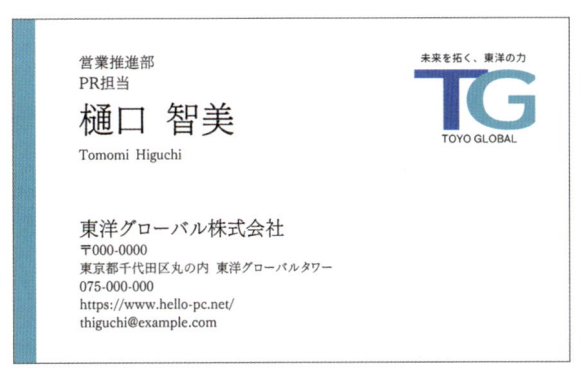

5pt 未満のサイズは読みづらくなります。
最低でも 5pt 以上のサイズで作成しましょう。

Chapter 10

● フォントは「読みやすさ」を基準に選ぶ

名刺は、小さなスペースに情報を詰め込むため、読みやすさが最も重要です。
できるだけシンプルで読みやすいフォントを選びましょう。

＜おすすめのフォント＞

ビジネス	エレガント	カジュアル
Noto Sans JP 夏休みにビーチで遊ぶ	UDモトヤ明朝 夏休みにビーチで遊ぶ	Zen Maru Gothic 夏休みにビーチで遊ぶ
Zen角ゴシックNEW 夏休みにビーチで遊ぶ	IPAex 明朝 夏休みにビーチで遊ぶ	源泉丸ゴシック 夏休みにビーチで遊ぶ
源暎ゴシック 夏休みにビーチで遊ぶ	筑紫明朝 夏休みにビーチで遊ぶ	ロゴたいぷゴシック 夏休みにビーチで遊ぶ

読みやすさだけでなく、受け取る相手に与える印象も大切です。
会社のブランドイメージも考慮して選びましょう！

● 文字の色はハッキリとしたものを選ぶ

最近では、スマホアプリや業務システムで名刺管理をしている会社が増えてきています。
カメラやスキャナーでも読み取りやすいように、背景が白の場合は黒系のハッキリとした色を選びましょう。

複数人分の名刺を簡単に作成！

会社や組織の場合、同じデザインで複数人の名刺を作成します。

このとき、デザインをコピーして個別情報（名前やメールアドレス）を 1 枚ずつ変更していくのは非常に大変です。

ここでは、Canva の機能を使って、複数人分の名刺を簡単に作成する方法を解説します。

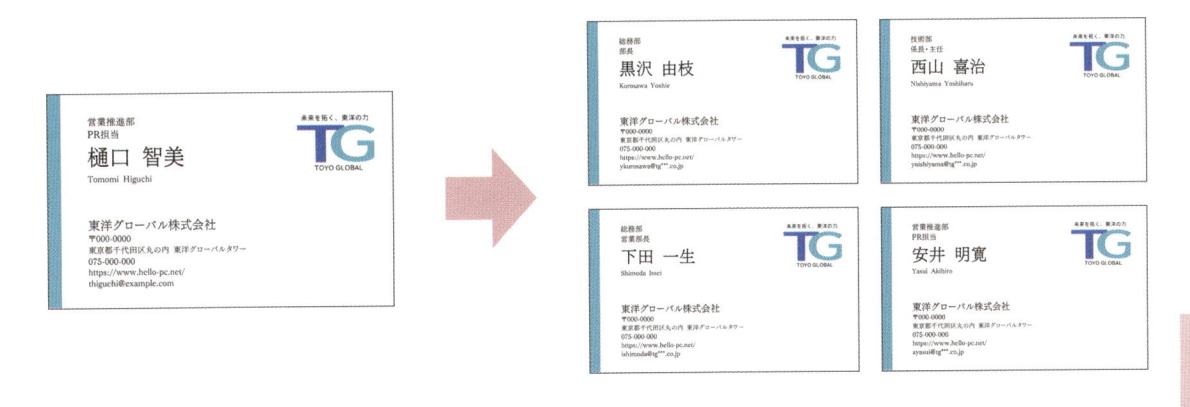

一括作成の仕組み

Excel 等のデータから文字情報を差し込む

一括作成は、文字情報がまとめられた Excel 等の表データを Canva に取り込み、その文字情報を名刺のテキストボックスに差し込んで行います。

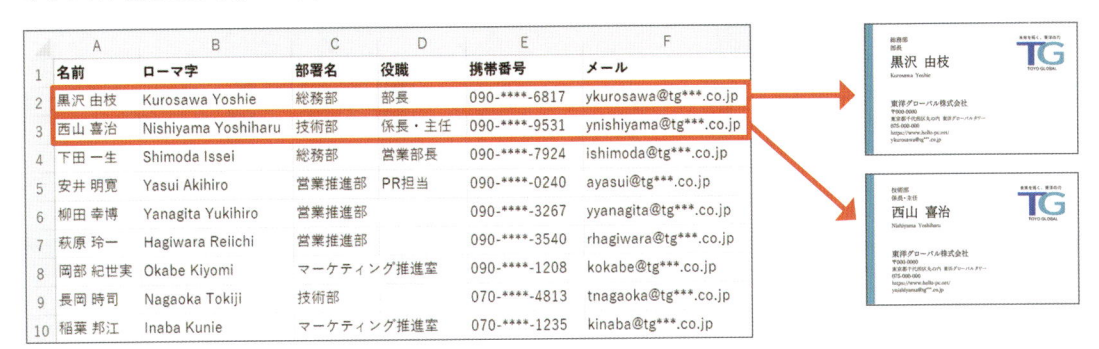

	A	B	C	D	E	F
1	名前	ローマ字	部署名	役職	携帯番号	メール
2	黒沢 由枝	Kurosawa Yoshie	総務部	部長	090-****-6817	ykurosawa@tg***.co.jp
3	西山 喜治	Nishiyama Yoshiharu	技術部	係長・主任	090-****-9531	ynishiyama@tg***.co.jp
4	下田 一生	Shimoda Issei	総務部	営業部長	090-****-7924	ishimoda@tg***.co.jp
5	安井 明寛	Yasui Akihiro	営業推進部	PR担当	090-****-0240	ayasui@tg***.co.jp
6	柳田 幸博	Yanagita Yukihiro	営業推進部		090-****-3267	yyanagita@tg***.co.jp
7	萩原 玲一	Hagiwara Reiichi	営業推進部		090-****-3540	rhagiwara@tg***.co.jp
8	岡部 紀世実	Okabe Kiyomi	マーケティング推進室		090-****-1208	kokabe@tg***.co.jp
9	長岡 時司	Nagaoka Tokiji	技術部		070-****-4813	tnagaoka@tg***.co.jp
10	稲葉 邦江	Inaba Kunie	マーケティング推進室		070-****-1235	kinaba@tg***.co.jp

各情報は個別のテキストボックスで作成しておく

一括作成では、「表データの1項目を1つのテキストボックスに差し込む」という仕組みで複数の名刺が作成されます。

一括作成の基となる名刺は、各情報を個別のテキストボックスで作成してください。

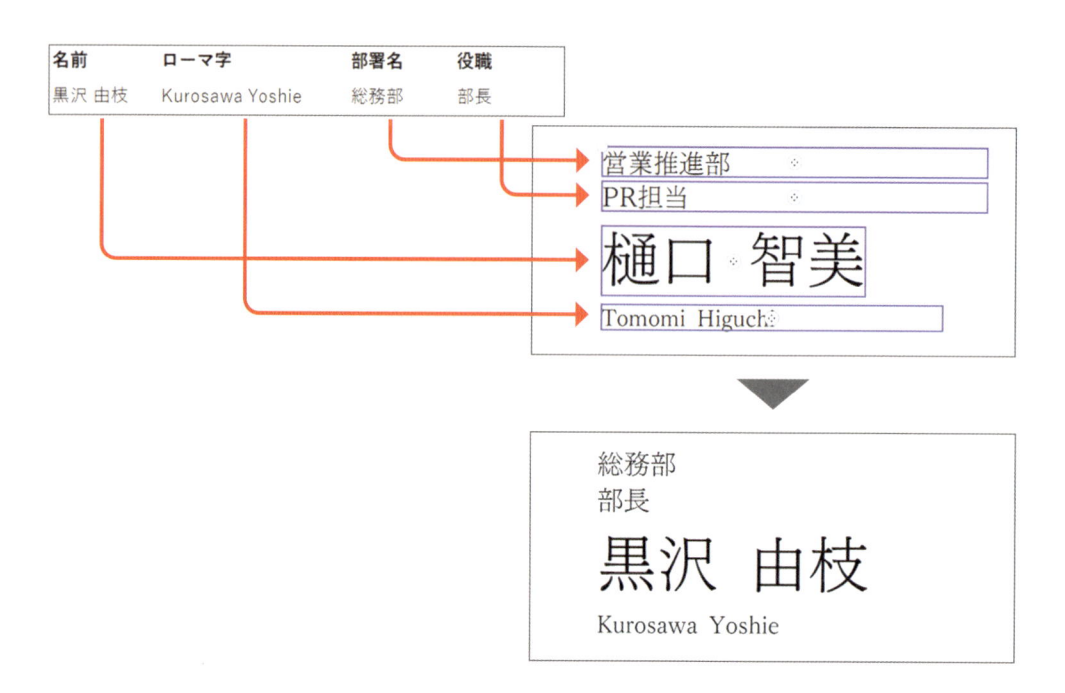

 ## 一括作成に使えるデータの形式

Canvaの一括作成には、以下の3種類の形式のデータが使用できます。

1行目に項目名が並び、2行目以下に「1行1件」のルールで入力されたデータを用意してください。

※「XLS」（旧バージョンのExcel形式）は使用できません。

一括作成の方法

アプリ「一括作成」を使う

Canva には、デザイン作成の効率を向上させる様々な便利アプリが搭載されています。

名刺の一括作成には、その中の 1 つである「一括作成」というアプリを使います。

一括作成

🖱 操作　名刺を一括作成する

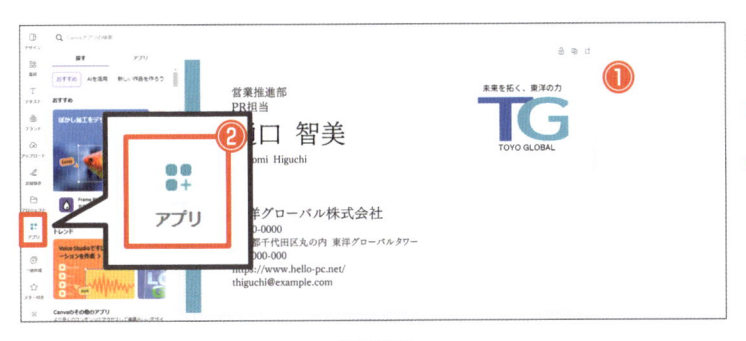

Chapter 10

アプリを表示する

① 完成した名刺データを開く

② 「アプリ」をクリック

③ 「一括作成」で検索

④ 「一括作成」をクリック

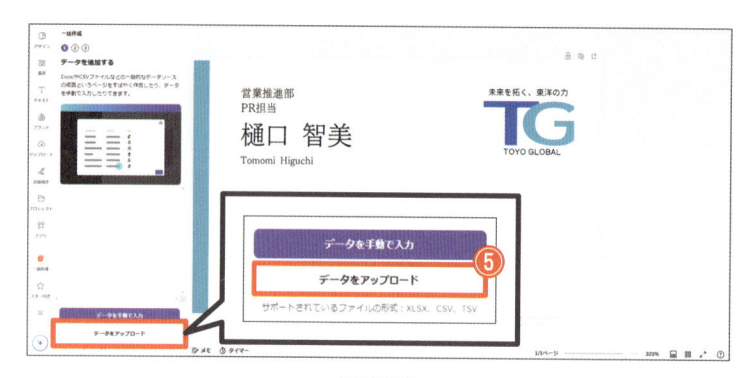

⑤「データをアップロード」を
クリック

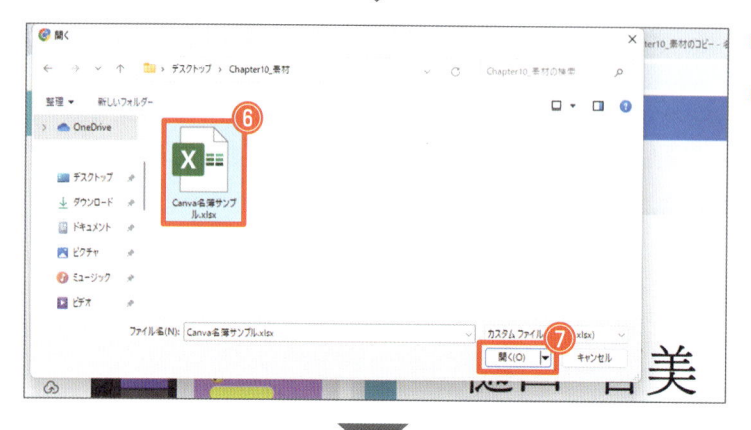

⑥ 使用するファイルを選択

⑦「開く」をクリック

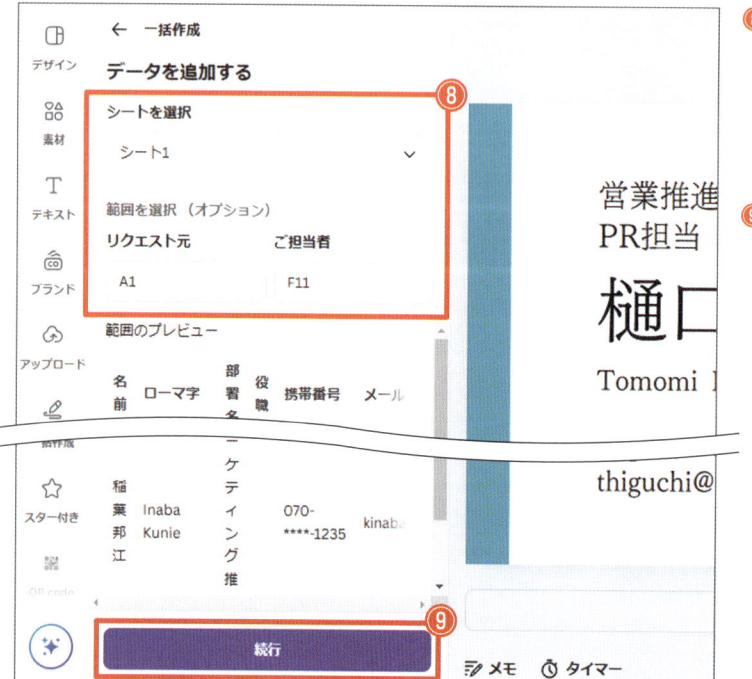

⑧ シートと範囲を確認

使用するデータ内のシートとセル範囲に
間違いがないか確認します。

※ 今回は、素材ファイル「Canva名簿
サンプル.xlsx」内の「シート1」の
セルA1〜F11を使用します。

⑨「続行」をクリック

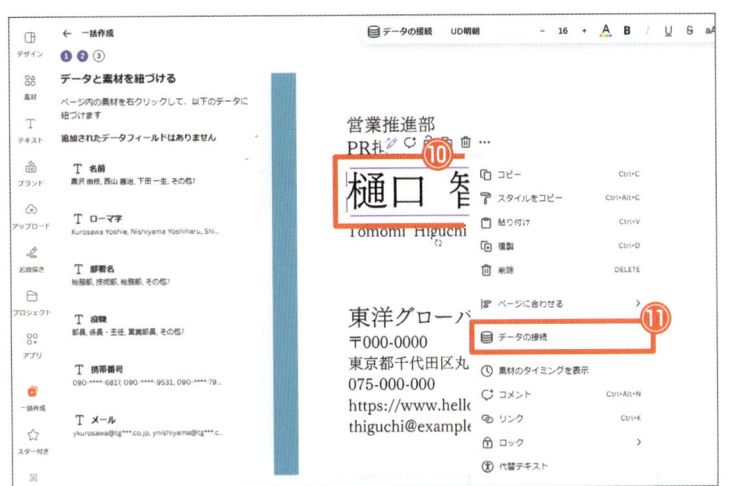

⑩ **データにひも付けるテキスト ボックスを右クリック**

ここでは、名前のテキストボックスを 右クリックします。

⑪ **「データの接続」をクリック**

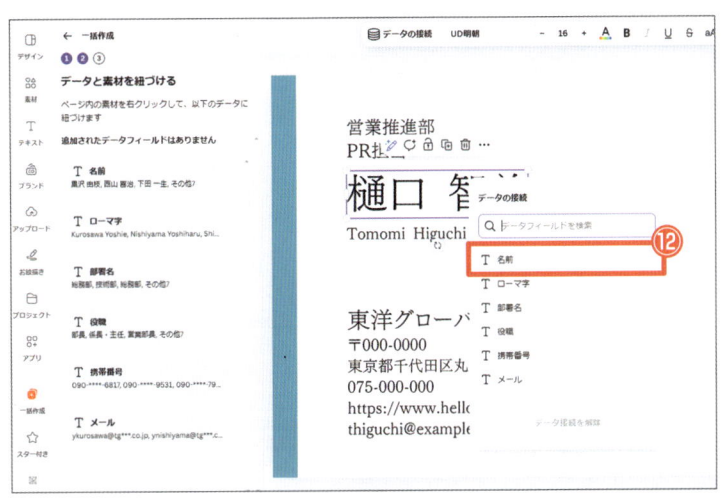

⑫ **ひも付ける項目名をクリック**

読み込んだデータの項目名がメニュー表示 されるので、ここでは「名前」をクリック します。

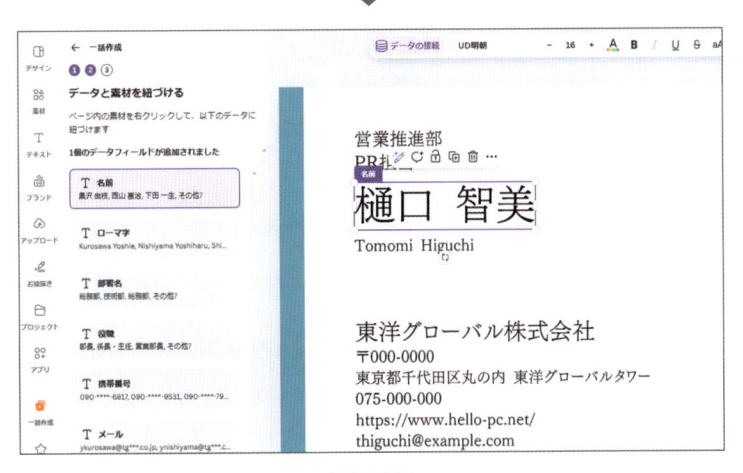

名前のデータと「樋口智美」のテキストボックス がひも付けられ、テキストボックスの左上に 「名前」と表示されます。

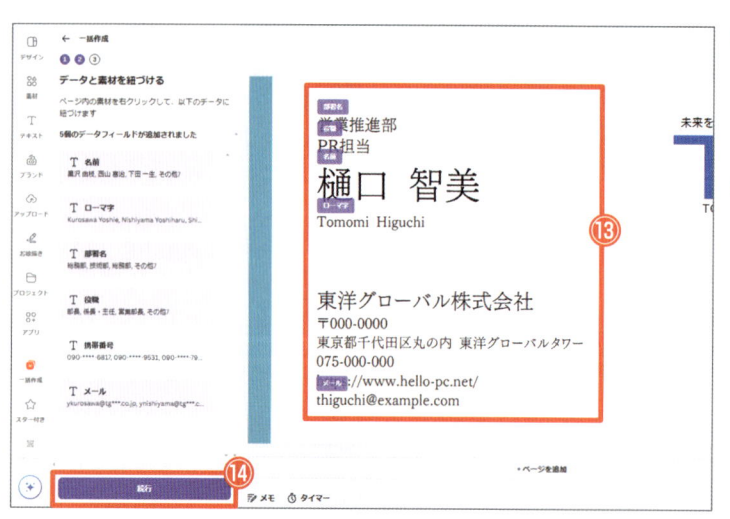

⑬ **残りのデータをテキスト
ボックスにひも付ける**

⑩〜⑫と同様の操作で、残りのテキスト
ボックスにも項目をひも付けましょう。

⑭ **「続行」をクリック**

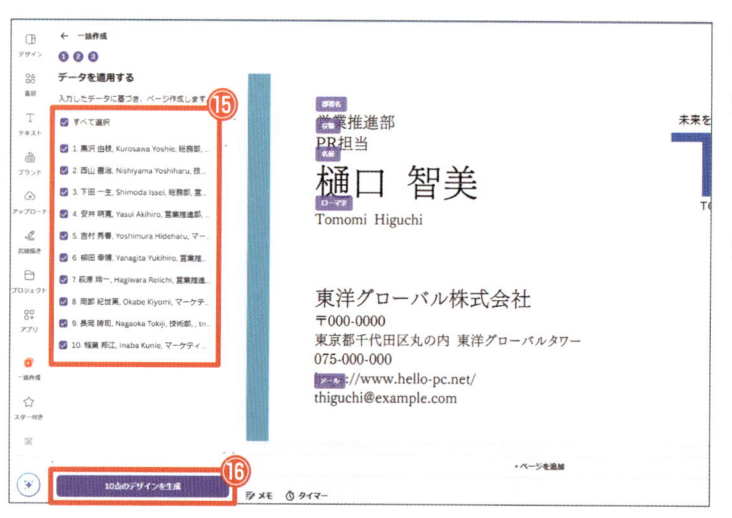

デザインを作成する

⑮ **名刺を作成するデータに
チェックを入れる**

チェックが入っているデータだけが作成
されます。

⑯ **「〇点のデザインを作成」
をクリック**

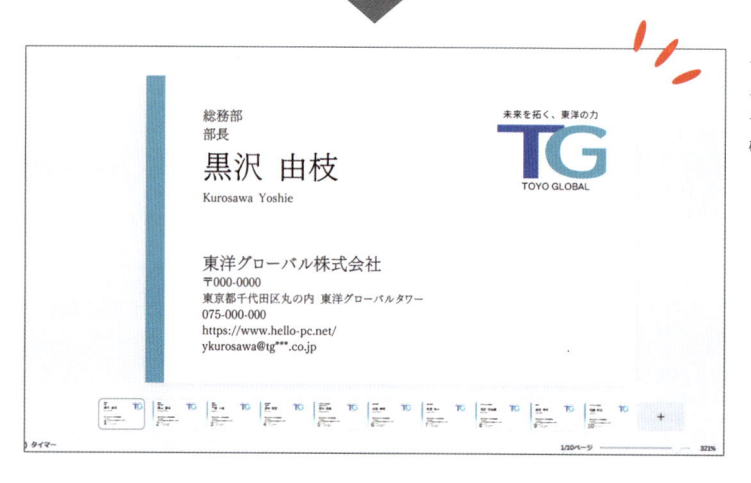

人数分の名刺が作成されます。

各ページを表示し、指定した人数分の名刺
データが問題なく作成されていることを
確認しましょう。

Chapter 11

A4 サイズの
チラシを作ろう

使用する素材

素材テンプレート	・Chapter11_素材 ・Chapter11_完成見本
素材ファイル ※「Chapter11_素材」フォルダー	・ベーカリーぽんぽん .txt

1 チラシの基本を理解する

Chapter11 では、Canva を使って A4 サイズのチラシを作成します。

チラシを作成する前に、チラシの基本的な知識や関連する Canva の機能について確認しておきましょう。

チラシのサイズ

一般には A5 〜 A3 サイズが使用されますが、なかでも多く使用されているのは A4 サイズです。

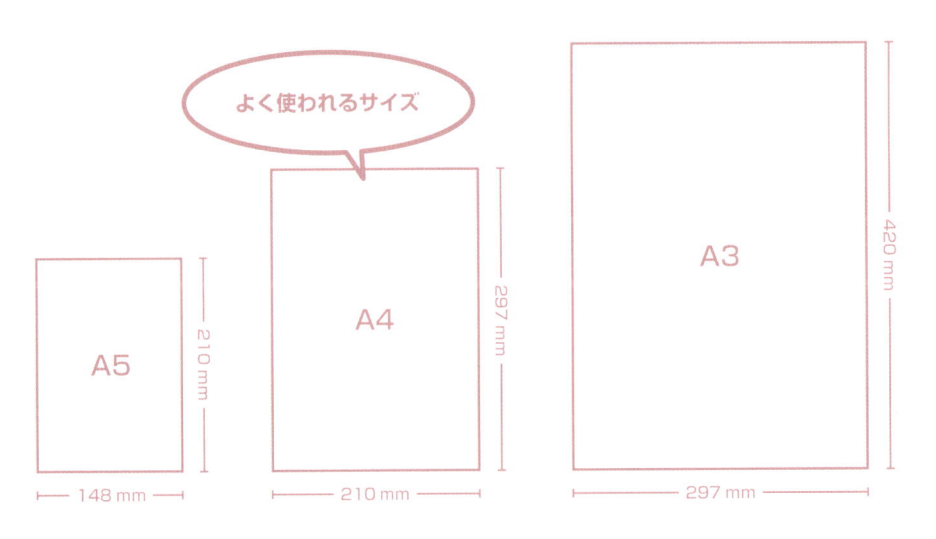

よく使われるサイズ

A5　210 mm　148 mm

A4　297 mm　210 mm

A3　420 mm　297 mm

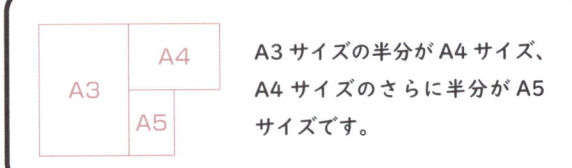

A3 サイズの半分が A4 サイズ、A4 サイズのさらに半分が A5 サイズです。

チラシを構成する要素

チラシに記載する情報には、「写真」「タイトル」「見出し」「説明文」「連絡先」「URL」などがあります。
内容に応じて必要な情報を盛り込むようにしましょう。

チラシの目的

最終目標は「行動してもらう」こと

チラシは、手に取って読んでもらうだけではなく、その後に「行動してもらう」ことが大切です。
チラシを作成するときは、「お店に来てもらう」「申し込んでもらう」「商品を購入してもらう」など、見た人に
何をしてほしいのかを明確にしましょう。

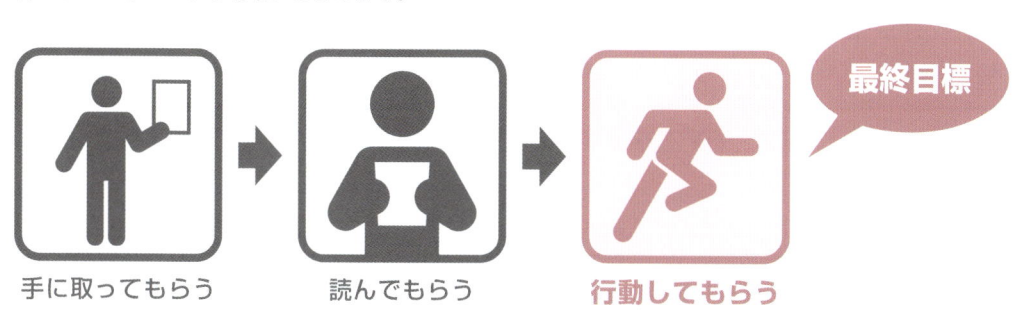

手に取ってもらう　→　読んでもらう　→　行動してもらう　　最終目標

行動してもらう
・お店に来てもらう
・申し込んでもらう
・商品を買ってもらう
・問い合わせてもらう

行動してもらうために必要な情報

「5W1H」＋「金額」

チラシを見た人に行動してもらうためには、「いつ（When）」「どこで（Where）」「誰が（Who）」「何を（What）」「なぜ（Why）」「どのように（How）」と「金額」の情報をチラシに記載しておく必要があります。

「何をしてほしいか」に合わせて必要な情報を整理する

例えば、チラシを見た人に「来店してほしい」場合、必要な情報はお店の「場所」や「営業時間」です。
このように、見た人に何をしてほしいのか？によって、必要な情報は変わります。
チラシを作成するときは、「チラシを見た人に何をしてほしいのか」を明確にし、それに合わせて必要な情報を整理しましょう。

してほしいこと	相手の不安	必要な情報
来店してほしい →	「場所はどこ？」 →	住所（営業時間・定休日）
電話してほしい →	「どこに？」 →	電話番号（営業時間・定休日）
Web から申し込んでほしい →	「ページはどこ？」 →	申し込みフォームの URL・QR コード

チラシのテンプレートの探し方

「チラシ」の一覧から選ぶ

チラシのテンプレートは、「ビジネス」→「チラシ」のカテゴリーにまとめられています。

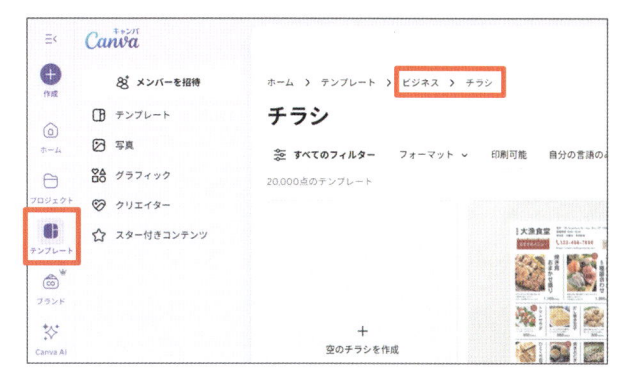

テンプレート選びのコツ

記載したい「文字」と「写真」が入りそうなテンプレートを探す

テンプレートを選びのコツは、「必要な情報が収まりそうか」を基準に選ぶことです。
タイトルや説明文の文字量、写真のサイズ、枚数、配置など、作成したいチラシと構成が似ているものを探してみましょう。

メインの写真はここに配置できそう

タイトルと日付にはこの文字が使えそう

サブの写真はここに追加できそう

住所などの情報にはこの文字が使えそう

サイズの確認を忘れずに！

チラシのテンプレートは、同じデザインで複数のサイズが用意されている場合があります。
テンプレート選択時に必ず確認し、作りたいサイズを選択しましょう。

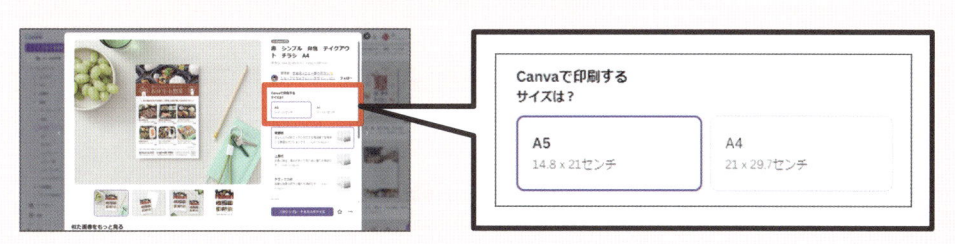

❷ チラシを作ろう

以下の完成見本と作成のポイントを参考に、チラシを作成しましょう。

準備 素材テンプレート「Chapter11_素材」を開きましょう。

完成見本

Chapter11_素材

デザインの詳細な設定について

▶ 写真は、完成見本のタイトルや見出しを参考に、適したものを検索して追加してください。

▶ 文字サイズやフォント、色など、詳細な設定については、テンプレート素材「Chapter11_完成見本」をご確認ください。

- 原稿を用意しておく
- 日本語には「日本語フォント」を設定する
- 文字は個別のテキストボックスで作る
- フォントサイズは 4 種類に限定する
- グリッドで写真をきれいに配置する
- Web への誘導には QR コードを使う
- 図形を効果的に使う

● 原稿を用意しておく

文章を考えることとデザインすることを同時に行うのは、作業効率がよくありません。
チラシに記載する文章は、事前に考えて「メモ帳」などにまとめておきましょう。

原稿からコピー&ペーストで入力する

NEW OPEN
2025 年 3 月 27 日（金）

風見市桜区夢町 1 丁目 2-3
ベーカリーぽんぽん
焼きたて・作りたてのパン屋さん
営業時間：8:30 〜 19:00
定休日：水曜日
（あさひ駅から徒歩 5 分）

SNS で最新情報を発信しています

https://www.hello-pc.net/

今回は、素材ファイル「ベーカリーぽんぽん .txt」から文字情報を
コピーして作成します。

● 日本語には「日本語フォント」を設定する

Canva のテンプレートには、欧文フォントで作成されたデザインが多くあります。
欧文フォントが設定されたままのテキストボックスに日本語を入力すると、PDF としてダウンロードした際に文字化けしたり、別のフォントに変換されてしまったりすることがあります。
日本語を入力する際は、必ず日本語対応のフォントに切り替えるようにしましょう。

※ 欧文フォントと日本語フォントの違いについては、Chapter03（P.40）参照

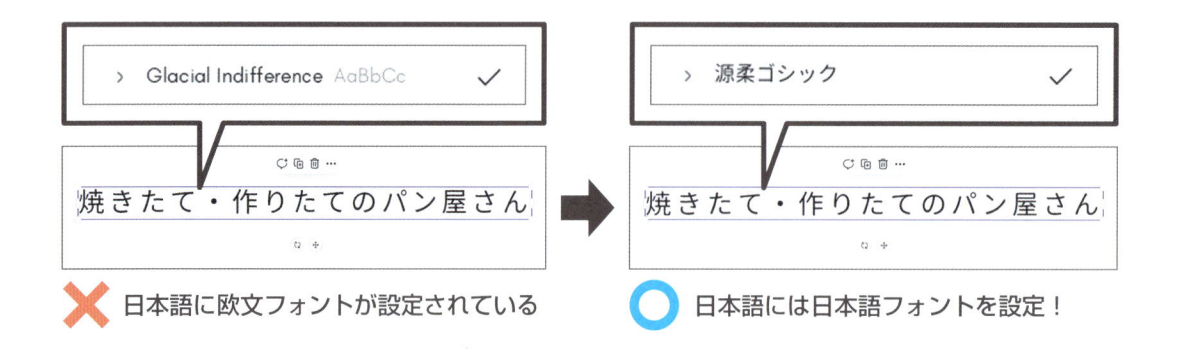

✕ 日本語に欧文フォントが設定されている　　　◯ 日本語には日本語フォントを設定！

● 文字は個別のテキストボックスで作る

文字情報は、1 つのテキストボックスにまとめるのではなく、できるだけ分けて作成するのがおすすめです。
テキストボックスを分けることで、サイズや配置の調整が個別に行えるようになるため、理想的なデザイン、レイアウトを効率よく作成できるようになります。

焼きたて・作りたてのパン屋さん
ベーカリーぽんぽん
風見市桜区夢町1丁目2-3　　（あさひ駅から徒歩5分）
営業時間：8:30〜19:00　　定休日：水曜日

● フォントサイズは4種類に限定する

フォントサイズは、基本的には「特大」「大」「中」「小」の4種類に限定し、「特大」はタイトルなど1カ所のみに使うようにしましょう。

このようにフォントのサイズをルール化することで、情報の重要度が整理されたわかりやすいチラシに仕上げることができます。

1カ所だけ

特大 … タイトルなど

大 … 見出しなど

中 … 説明文など

小 … 注釈

「中」のサイズを基準にして「大」「小」のサイズを決めると作りやすいですよ！

● グリッドで写真をきれいに配置する

複数の写真を並べるときは、「グリッド」を使ってきれいに配置しましょう。

※ グリッドの追加方法については、Chapter08（P.118）参照

グリッド —

グリッドは、複数の写真をまとめてサイズ調整できたり、簡単に写真の差し替えができたりと、作業効率の点でも非常に便利な機能です！

● Web への誘導には QR コードを使う

チラシのような紙媒体から Web へ誘導したいときは、URL よりも QR コードのほうが効果的です。

チラシを見た人に「お店の HP を見てもらいたい」「フォームから応募してもらいたい」場合などは、QR コードを記載しましょう。

> Canva では、この QR コードを簡単に作成することができます。

QR コード

🖱 操作　　QR コードを作成する

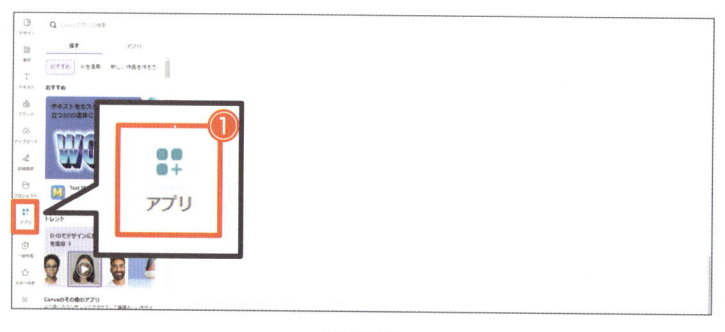

アプリを表示する

❶ 「アプリ」をクリック

❷ 「QR コード」で検索

❸ 「QR code」をクリック

QR コードを作成するアプリはいくつかありますが、ここでは「QR code」を使用します。

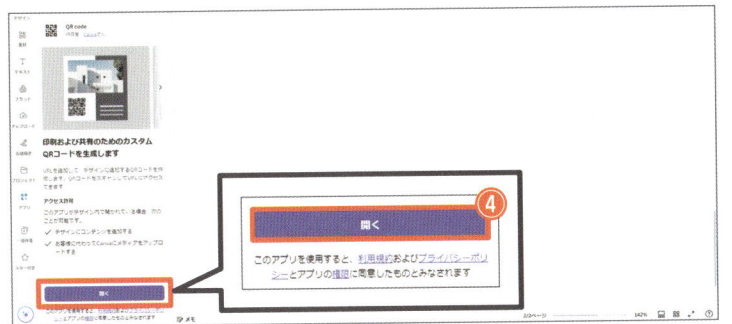

④「開く」をクリック

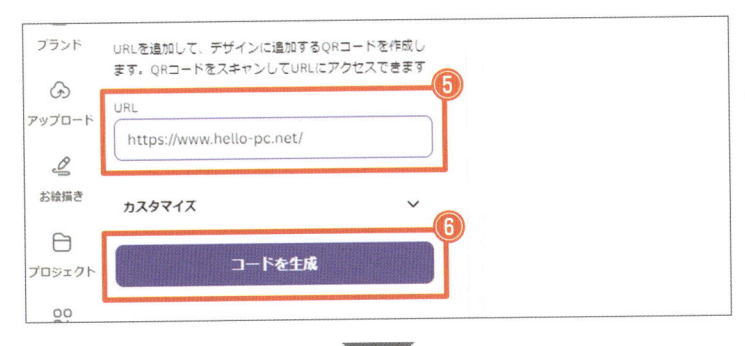

QRコードを生成する

⑤ URL を入力

URL は、素材ファイル「ベーカリーぽんぽん .txt」からコピー＆ペーストしてください。

⑥「コードを生成」をクリック

QR コードが作成できたら、実際に Web ページにアクセスできるか確認しましょう。

Chapter 11

● 図形を効果的に使う

簡単なイラストであれば、図形を組み合わせて作成することができます。また、文字情報の飾りや強調にも図形は効果的です。

図形で文字を飾る

イラストを作成する

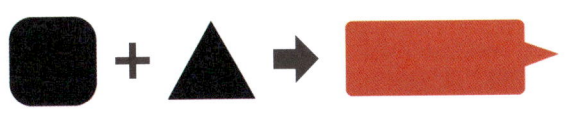

3 仕上げをしていく

チラシは、必要な情報をレイアウトできたら完成、というわけではありません。
ここでは、チラシをより手に取ってもらいやすくするためのコツや、印刷業者に渡すデータ
の作成方法など、最後の仕上げについて解説します。

- ● 余白をしっかりとる
- ● 「見えない線」で配置をきれいに揃える
- ● 「塗り足し領域」を表示する
- ● サイズの変更には「マジックリサイズ」を使う

● 余白をしっかりとる

チラシには、情報を紙いっぱいに敷き詰めるのではなく、余白をしっかりとるようにしましょう。
そうすることで、信頼感のある印象の良いチラシに仕上げることができます。

※ 余白の枠線を表示する方法については、Chapter08（P.117）参照

余白

●「見えない線」で配置をきれいに揃える

「見えない線」とは、オブジェクトごとの縦・横のラインがきちんと揃い、そこに線があるかのように見える状態のことです。

「見えない線」を意識して配置することで、全体のバランスがよく一体感のあるデザインに仕上がります。

●「塗り足し領域」を表示する

印刷業者では、印刷物の上下左右 3mm 程度を切り落として仕上がりのサイズにします。この切り落とされる部分が「塗り足し領域」です。

印刷業者に提出する印刷物のデータには、必ず「塗り足し領域」を表示しておきましょう。

塗り足し領域
印刷時に切り落とされます。

写真や図形を塗り足し領域の外側まで広げる

紙面いっぱいに見せたい写真や図形は、塗り足し領域の外側まで広げておきましょう。左の例のように塗り足し領域の内側に配置すると、切り落とした際にフチが残ってしまう場合があります。

操作　塗り足し領域を表示する

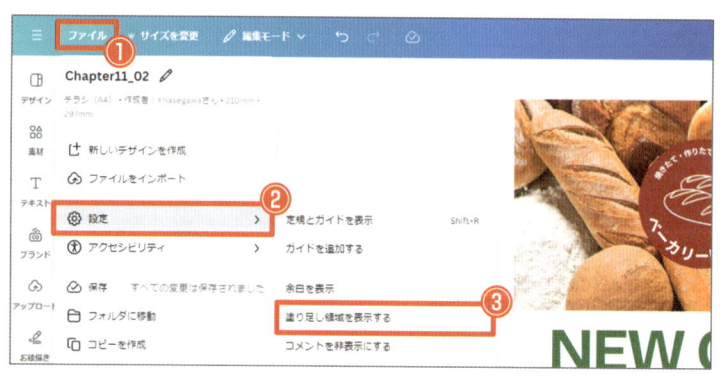

❶ 「ファイル」をクリック

❷ 「設定」をクリック

❸ 「塗り足し領域を表示する」をクリック

塗り足し領域が表示されます。

● サイズの変更には「マジックリサイズ」を使う

例えば A4 サイズで作成したデザインを A3 に変更したいとき、A4 のデータのまま拡大印刷すると、画像がぼやけてしまいます。そのため、A3 のデザインは、A3 で作らないといけません。

このような場合は、「マジックリサイズ」を使って、データ自体をきちんとサイズ変更しましょう。

🕐 操作　マジックリサイズでサイズを変更する（カスタムサイズ）

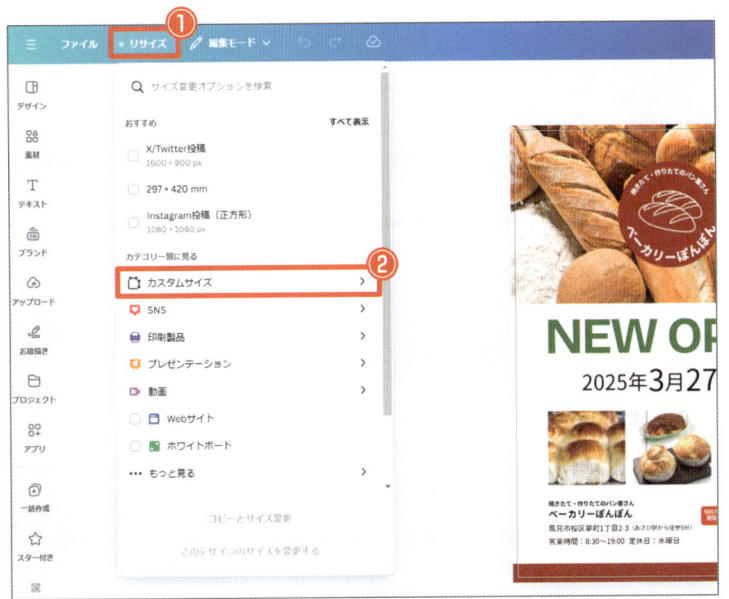

❶「リサイズ」をクリック

❷「カスタムサイズ」を
クリック

❸「幅」「高さ」「単位」を指定

ここでは、A3 サイズ（297 × 420mm）を指定します。

❹ チェックを入れる

❺「コピーとサイズ変更」を
クリック

Chapter 11

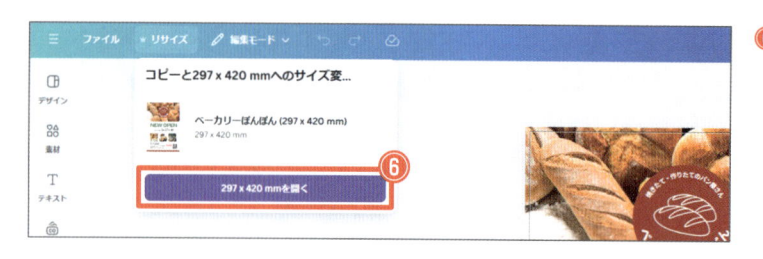

⑥「〇〇を開く」をクリック

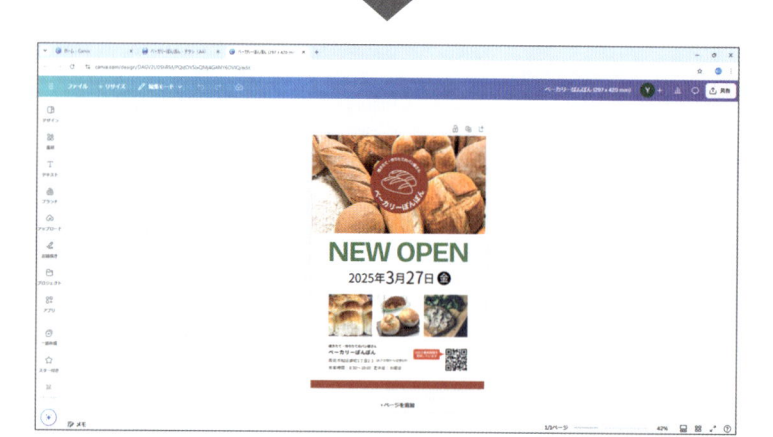

リサイズしたデザインが新しいタブで開きます。

※ 元のデザインとは別のデータとして、リサイズ後のデザインが作成されます。

チャレンジ

「Chapter11_完成見本」の2ページ目を参考に、パソコン教室のチラシを作成してみましょう。

▶ 写真は、完成見本のタイトルや見出しを参考に、適したものを検索して追加してください。

▶ 文字サイズやフォント、色など、詳細な設定については、テンプレート素材「Chapter11_完成見本」をご確認ください。

Chapter **12**

会社案内の資料を作ろう

使用する素材

素材テンプレート	・Chapter12_ 素材 ・Chapter12_02_ 完成見本 ・Chapter12_03-04_ 完成見本 ・Chapter12_05_ 完成見本
素材ファイル ※「Chapter12_ 素材」フォルダー	・料金表 .xlsx ・生徒推移 .xlsx ・コース別割合 .xlsx

1 資料作成の基本

ビジネスでは、「会社案内」や「プレゼン用のスライド」、「企画書」「報告書」など、複数のページにわたる資料を作る機会が多くあります。

Canvaには、そういったビジネス資料のテンプレートも豊富に用意されており、クオリティーの高い資料が簡単に作成できます。

複数ページの資料のテンプレートの探し方

「プレゼンテーション」の一覧から選ぶ

ビジネスで使用する複数ページの資料のテンプレートは、「ビジネス」→「プレゼンテーション」のカテゴリーにまとめられています。

資料を作る際のコツ

事前に構成と見せ方をしっかり考える

伝わりやすい資料を作るコツは、事前にしっかりと構成と見せ方を考えておくことです。
いきなり Canva で作り始めるのではなく、まずは「何を」「どのような順番で」伝えるかを考えて、手書きのラフ等を作っておきましょう。

<例：パソコン教室運営会社の説明資料>

構成を考える

ページ	必要なもの
1. 会社概要	会社名・設立・代表者・所在地・事業内容など
2. ミッション	会社のミッション
3. 特徴	会社の特徴を 3 〜 4 つ：タイトルと 20 文字程度の説明
4. 生徒推移	過去 5 年の生徒推移データ：グラフ
5. コース別生徒の割合	データ：グラフ
6. 料金表	料金データ：表組み
7. 問い合わせ	お問い合わせ先

ラフを作る

 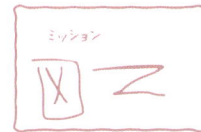  

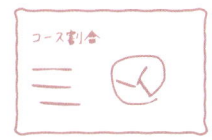 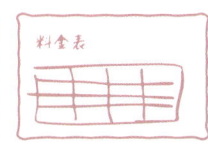 

Canva で作成する

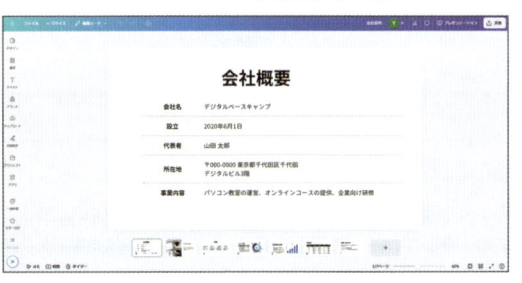

2 会社案内の資料を作ろう

以下の完成見本と作成のポイントを参考に、会社案内の資料を作成しましょう。

準備 素材テンプレート「Chapter12_素材」を開きましょう。

完成見本

Chapter12_素材

ミッション

デジタルスキルを身につけ、未来に向けて成長する
サポートをする

2ページ目

特徴

少人数制のクラス　豊富なコース　実践的な　個別サポート
　　　　　　　　　　　　　　　　カリキュラム

生徒一人ひとりに合わ　初心者向けから上級　最新の技術やツールを　授業外でもサポート
せた指導　　　　　　者向けまで幅広いコ　使った実践的な内容　体制が充実
　　　　　　　　　　ース

3ページ目

ミッション

デジタルスキルを身につけ、
未来に向けて成長するサポー
トをする

特徴

少人数制のクラス　豊富なコース　実践的な　個別サポート
　　　　　　　　　　　　　　　　カリキュラム

生徒一人ひとりに合わ　初心者向けから上級　最新の技術やツールを　授業外でもサポート
せた指導　　　　　　者向けまで幅広いコ　使った実践的な内容　体制が充実
　　　　　　　　　　ース

デザインの詳細な設定について

▶ 写真は、完成見本のタイトルや見出しを参考に、適したものを検索して追加してください。

▶ 詳細な設定については、テンプレート素材「Chapter12_02_完成見本」をご確認ください。

● 見出しの文字サイズを統一する
● 図説をグリッドで作る
● メッセージに合わせた写真を入れる

● 見出しの文字サイズを統一する

資料を作成するときは、すべてのページの見出しを同じ文字サイズに統一しましょう。

見出しのサイズを統一しておくことで、「ここが見出しである」ということが潜在的に認識できるようになるため、見る人にとって理解しやすい資料になります。

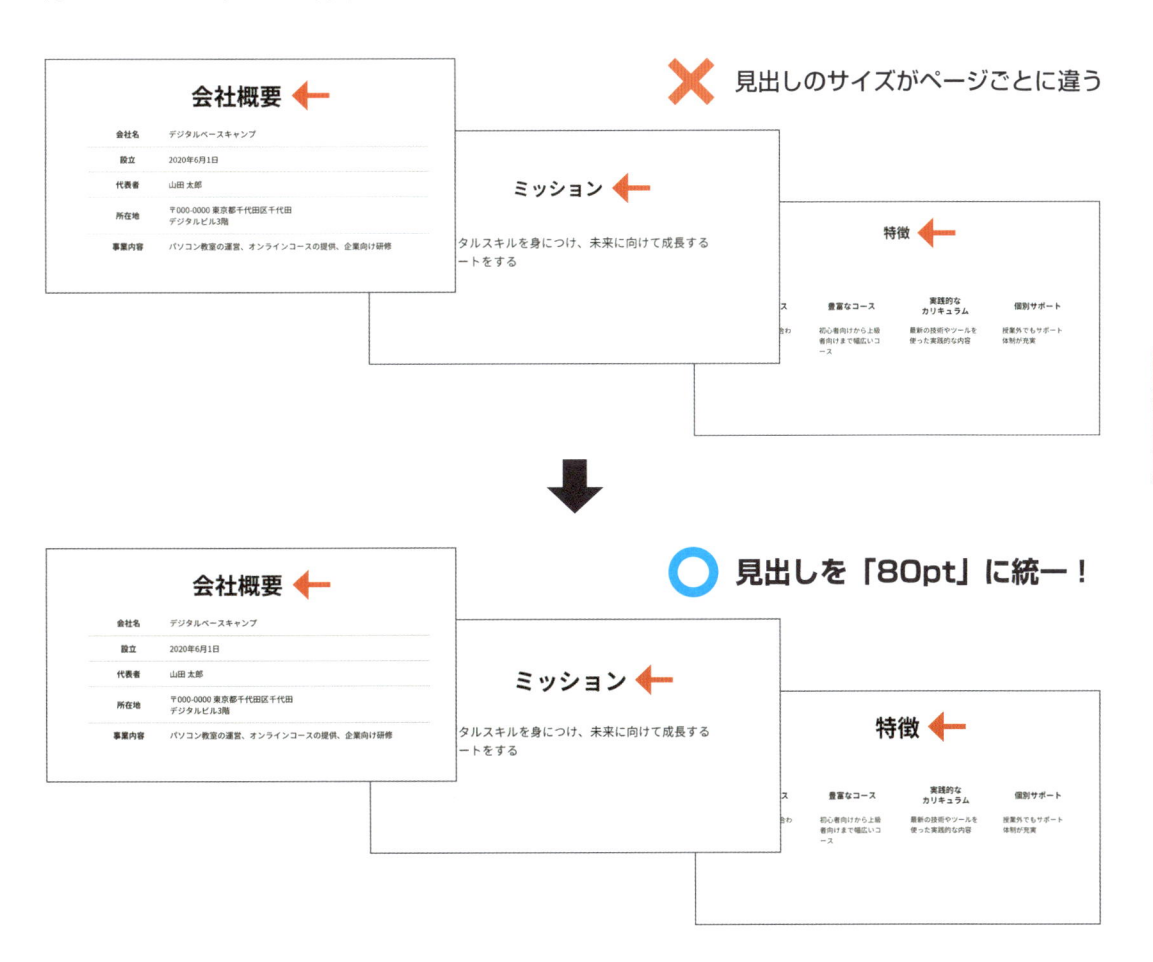

● 図説をグリッドで作る

グリッドは、写真を追加するだけではなく、グリッド単体で図形のように扱うこともできます。

3ページ目の「特徴」のように複数の情報を並列で並べるときは、グリッドがおすすめです。

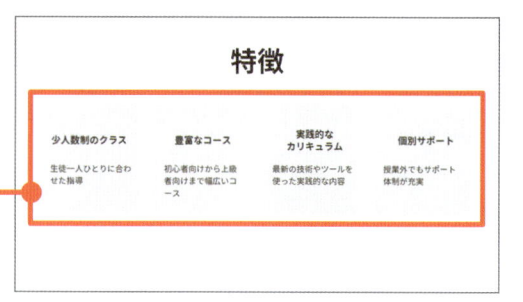

3ページ目

グリッド

各情報の大きさがバラバラだと、情報ごとに強弱が付いてしまいます。

情報を並列に見せたいときは、「グリッド」を使って大きさを揃えるようにしましょう。

✎ グリッドの色や形を変更する

グリッドは、選択すると表示される上部のメニューを使って、色や形を変更することができます。

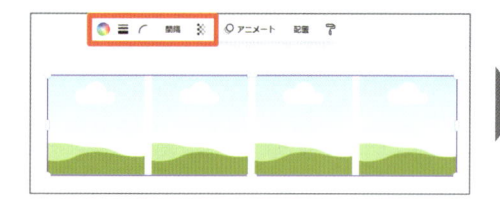 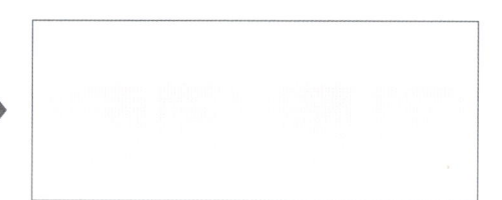

● メッセージに合わせた写真を入れる

2ページ目のようにメッセージを伝えるページには、メッセージに合わせた写真を入れましょう。そうすることで、メッセージをより印象的に伝えることができます。

ミッション

デジタルスキルを身につけ、未来に向けて成長するサポートをする

3 表の作成

情報を整理して伝えたいときに効果的

表は、情報を行と列で整理して伝える図です。
会社概要や一覧表など、複数の項目を含む情報は、表で表現すると伝わりやすくなります。

会社概要

会社名	デジタルベースキャンプ
設立	2020年6月1日
代表者	山田 太郎
所在地	〒000-0000 東京都千代田区千代田 デジタルビル3階
事業内容	パソコン教室の運営、オンラインコースの提供、企業向け研修

料金表

コース名	内容	対象	期間	料金
初心者コース	基礎的なパソコンスキル	全ての初心者	3ヶ月	¥30,000
中級コース	応用的なスキル	基礎を学んだ人	6ヶ月	¥60,000
上級コース	高度なスキル	応用を学んだ人	9ヶ月	¥90,000
オンラインコース	自宅で学べる	全てのレベル	自由	¥5,000/月
企業研修コース	企業向け研修	企業の従業員	カスタマイズ可能	¥200,000/回

表の見出しについて

・1対1のデータを扱う場合：一番左に見出しを配置

1対1で対応するデータを表で見せる場合は、一番左の列を見出しにすると、各行の内容がひと目でわかりやすくなります。

会社名	デジタルベースキャンプ
所在地	東京都千代田区千代田
代表者名	山田太郎
URL	ttps://fesfesa***.com

・複数項目を持つデータを扱う場合：一番上と一番左に見出しを配置

各データがそれぞれ複数の項目を持つ場合は、一番上と一番左を見出しにして、2行目／2列目以降に対応するデータを入れると見やすくなります。

コース	対象	料金
初心者コース	全ての初心者	¥30,000
中級コース	基礎を学んだ人	¥60,000
上級コース	応用を学んだ人	¥90,000

表の追加

Canvaで表を追加する方法はいくつかありますが、ここでは「Excelの表をコピー＆ペーストする」という方法をご紹介します。

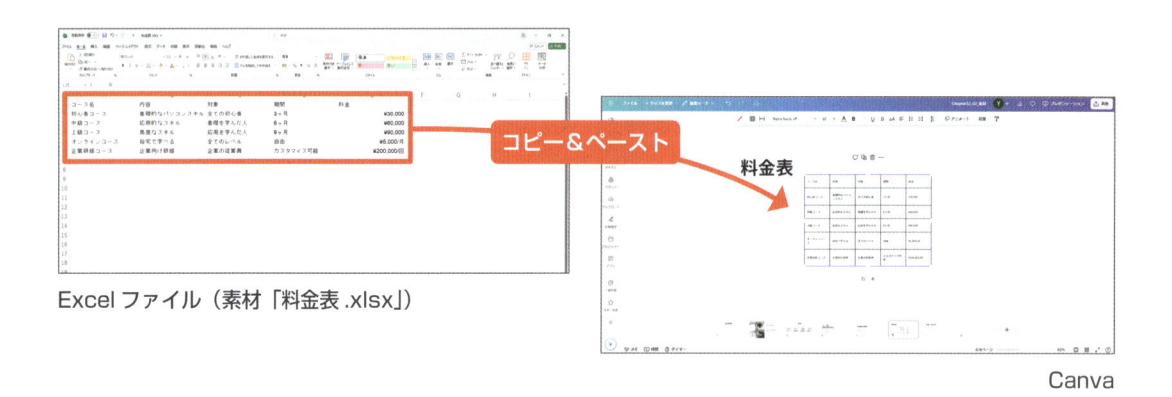

Excelファイル（素材「料金表.xlsx」）

コピー＆ペースト

料金表

Canva

操作　表を追加する

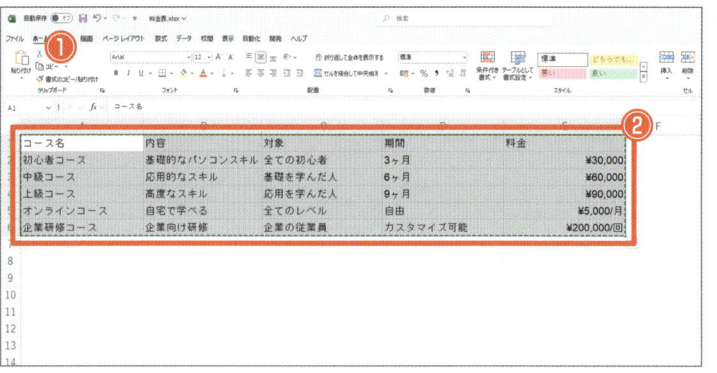

① Excelファイルを開く

② Canvaに追加するデータをコピー

コピーするデータの範囲をドラッグして選択し、「Ctrl」キーを押しながら「C」キーを押します。

③ Canvaの編集画面を表示

④ コピーしたデータをペースト

「Ctrl」キーを押しながら「V」キーを押します。

表の選択

表を編集するために、まずは選択方法について確認しましょう。

• セル（1マス）の選択

「セル」とは、表内の1つのマスのことです。

セルをクリックすると、そのセルを選択した状態になります。

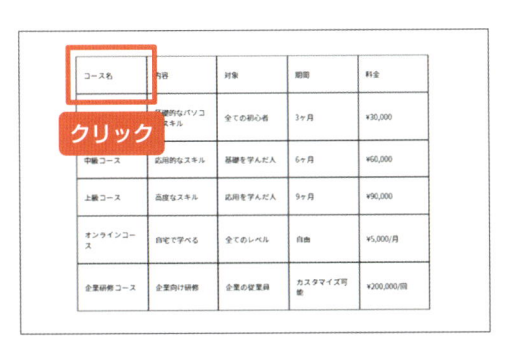
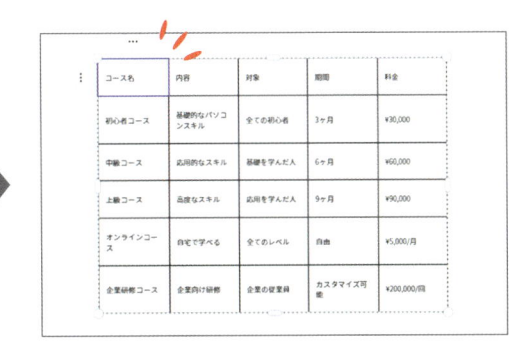

• 行／列 の選択

行や列を選択する場合は、一番端のセルを選択した後、「Shift」キーを押しながら反対側の端にあるセルをクリックします。

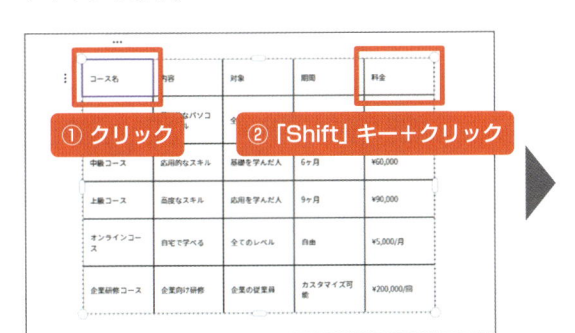
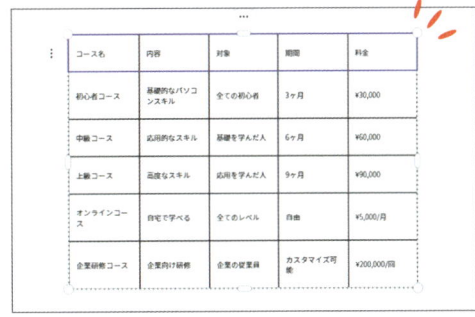

• 表全体の選択

表全体を選択する場合は、表全体が含まれるように範囲をドラッグします。

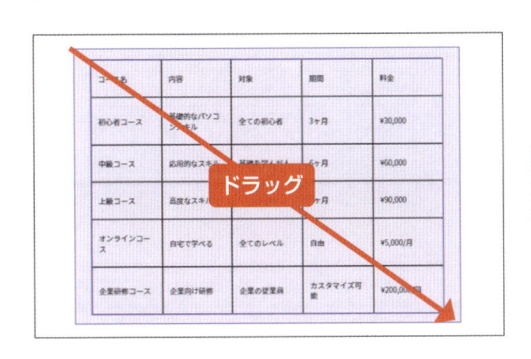
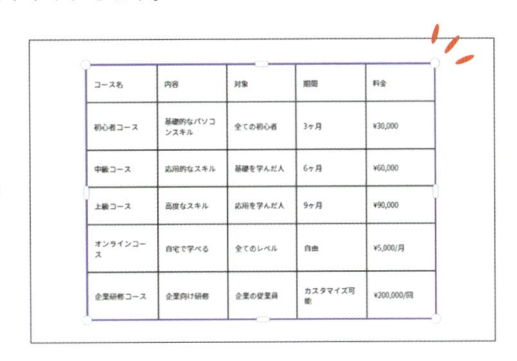

表の移動

いったん何もない場所をクリックして表の選択を解除した状態にして、表をドラッグします。

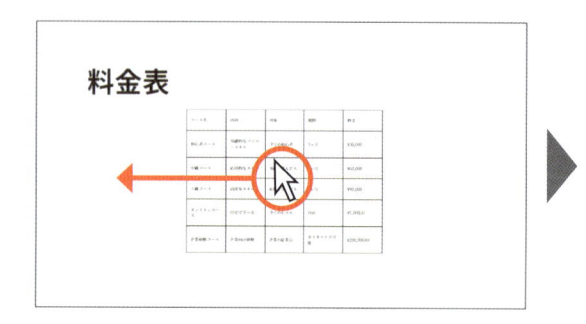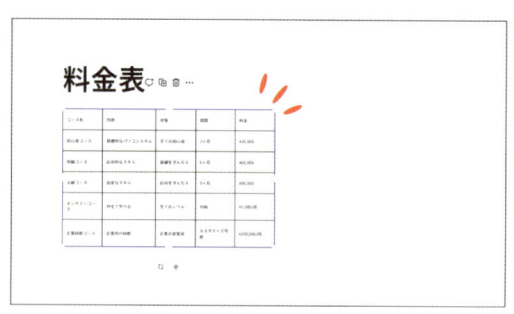

表のサイズ変更

表全体のサイズを変更する場合は、表を選択すると表示される四隅の○をドラッグします。

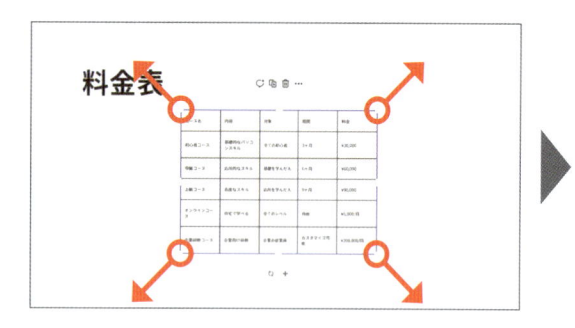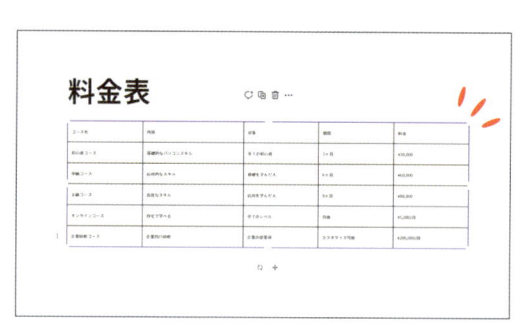

行（列）の調整

行の高さや列の幅は、行や列を区切る罫線をドラッグすることで変更できます。

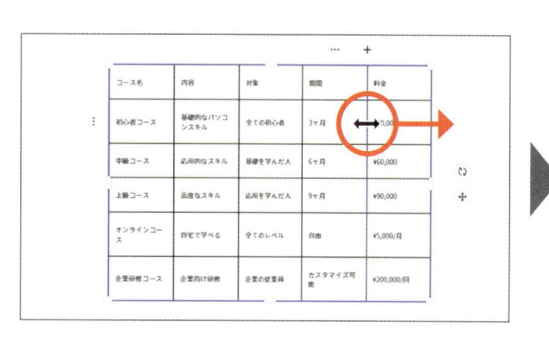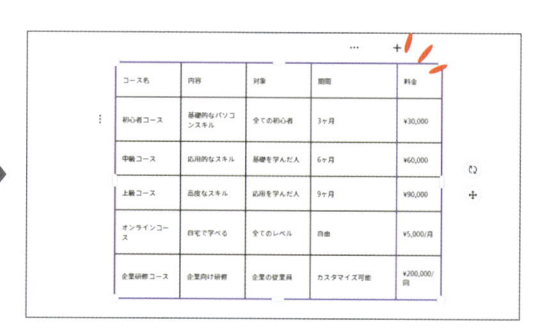

列や行のサイズをコンテンツに合わせる

「列のサイズをコンテンツに合わせる」という機能を使うと、列をセル内の文字の長さに合ったサイズに調整することができます。「行のサイズをコンテンツに合わせる」という機能も同様です。

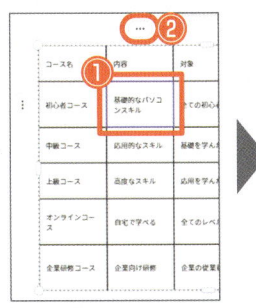 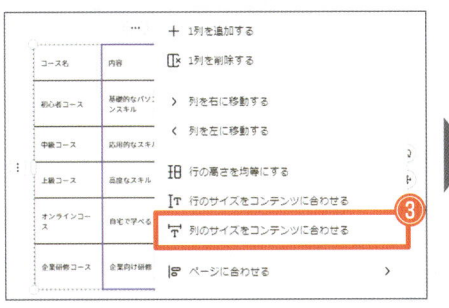 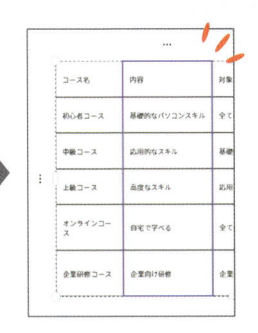

❶ セルを選択

❷ ・・・ をクリック

❸ 「列のサイズをコンテンツに合わせる」
をクリック

表の編集（色や罫線の設定）

表の色や罫線の設定を変更するときは、編集するセルを選択し、上部に表示されるメニューを使います。

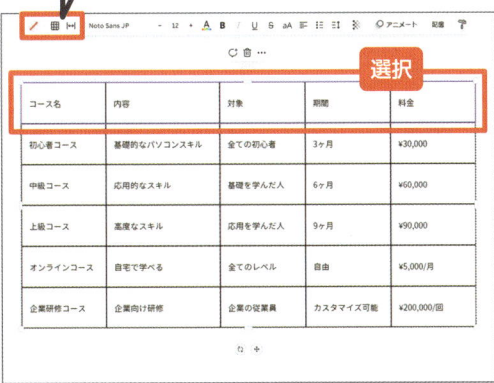 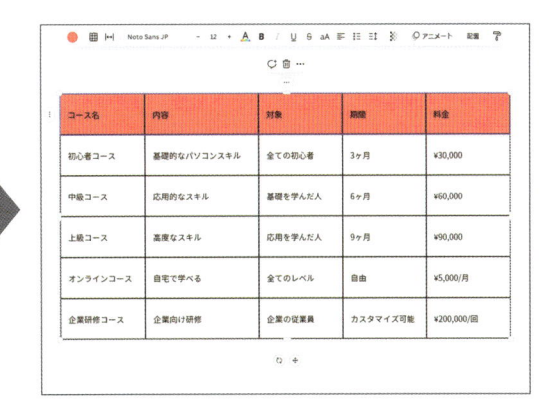

 ・・・ **カラー**

選択したセルの色を設定します。

 ・・・ **罫線**

罫線の色や太さなどを設定します。

 ・・・ **セルの間隔**

セルの間隔や、文字に対する余白の広さを設定します。

文字の編集

文字のフォントやサイズ、色などを変更するときは、編集するセルを選択し、上部に表示されるメニューを使います。

完成見本

料金表

コース名	内容	対象	期間	料金
初心者コース	基礎的なパソコンスキル	全ての初心者	3ヶ月	¥30,000
中級コース	応用的なスキル	基礎を学んだ人	6ヶ月	¥60,000
上級コース	高度なスキル	応用を学んだ人	9ヶ月	¥90,000
オンラインコース	自宅で学べる	全てのレベル	自由	¥5,000/月
企業研修コース	企業向け研修	企業の従業員	カスタマイズ可能	¥200,000/回

「Chapter12_素材」の6ページ目に表を追加しましょう。
表は、素材ファイル「料金表.xlsx」の表をコピー＆ペーストしてください。

▶ 文字サイズやフォント、色など、詳細な設定については、テンプレート素材「Chapter12_03-04_完成見本」をご確認ください。

4 グラフの作成

数値のデータを視覚的に伝える

グラフは、データや情報を視覚的に表現する手法です。
文字や表ではわかりにくい、数値の大小や相関関係を、ひと目で伝えることができます。

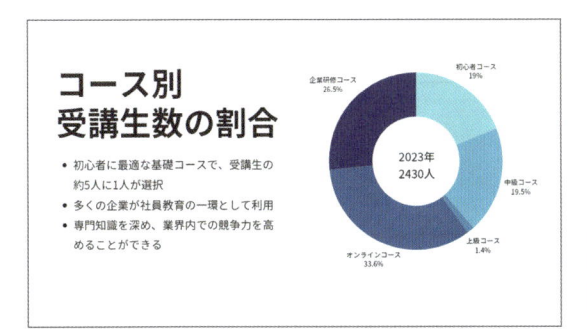 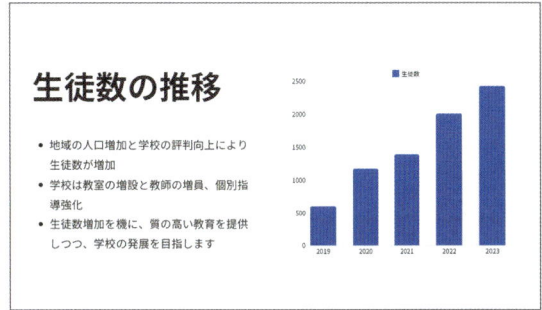

グラフの追加

Canvaでグラフを追加する方法はいくつかありますが、ここではExcelのデータをCanvaにアップロードしてグラフを作成する方法についてご紹介します。

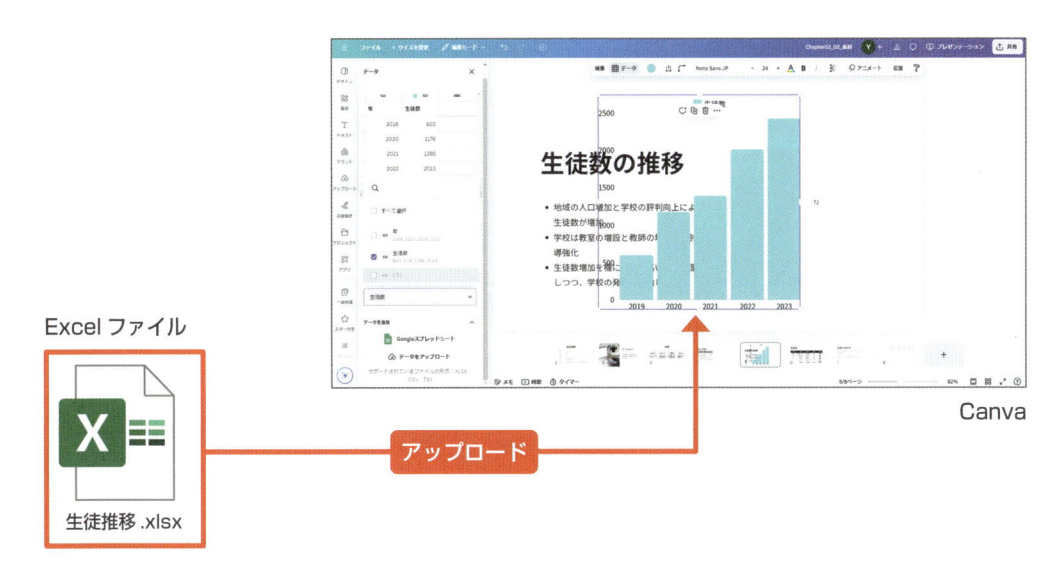

Excelファイル

生徒推移.xlsx

アップロード

Canva

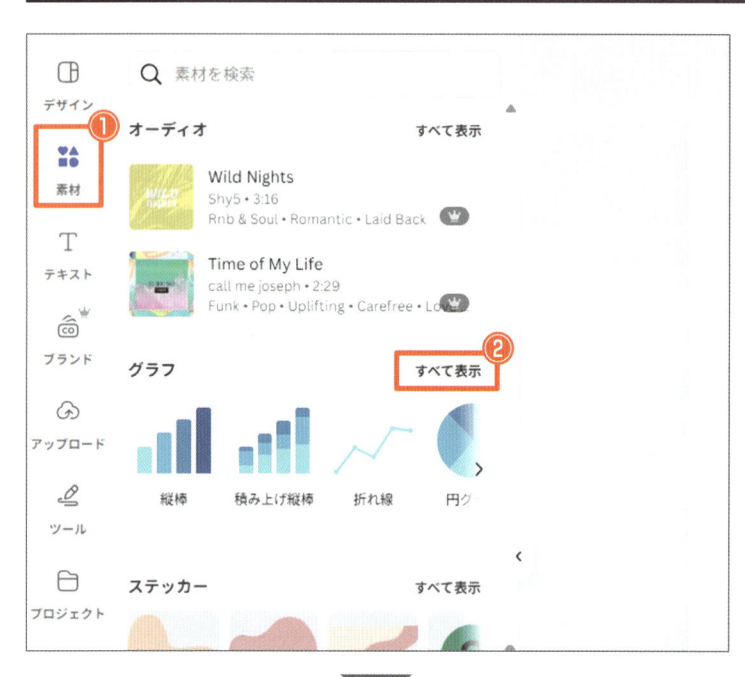

グラフを追加する

❶ 「素材」をクリック

❷ 「グラフ」の「すべて表示」
　をクリック

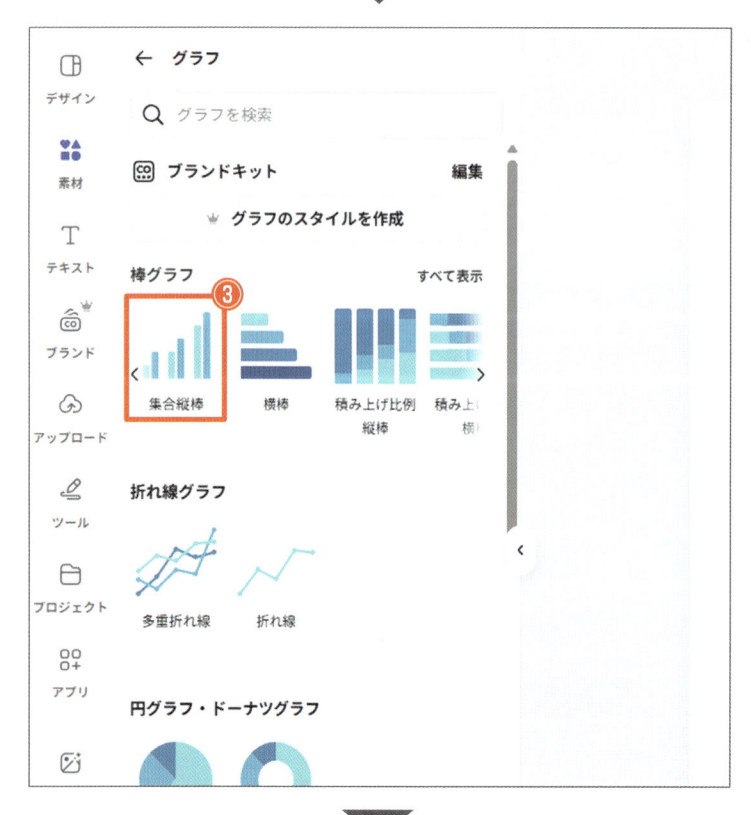

❸ 追加するグラフの種類を
　クリック

データが設定されていない仮のグラフが追加されます。

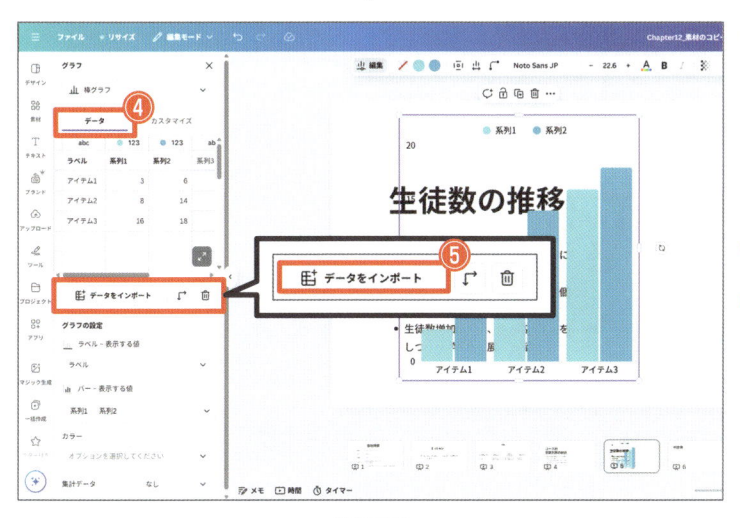

データを読み込む

※「グラフ」ウィンドウが表示されていない場合は、グラフ上部のメニューにある「編集」をクリックしましょう。

④「データ」タブをクリック

⑤「データをインポート」をクリック

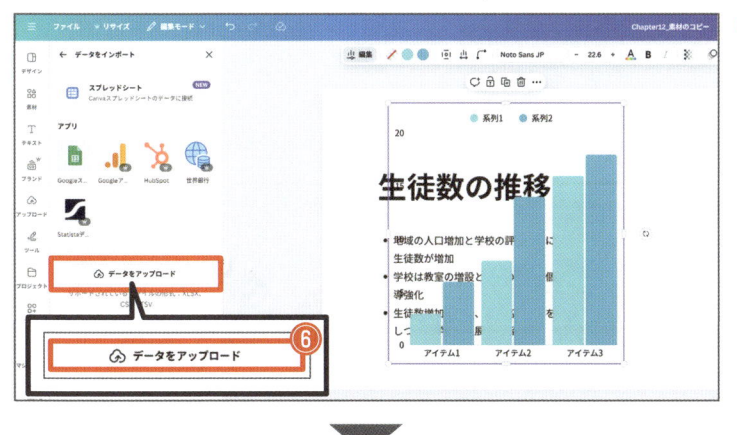

⑥「データをアップロード」をクリック

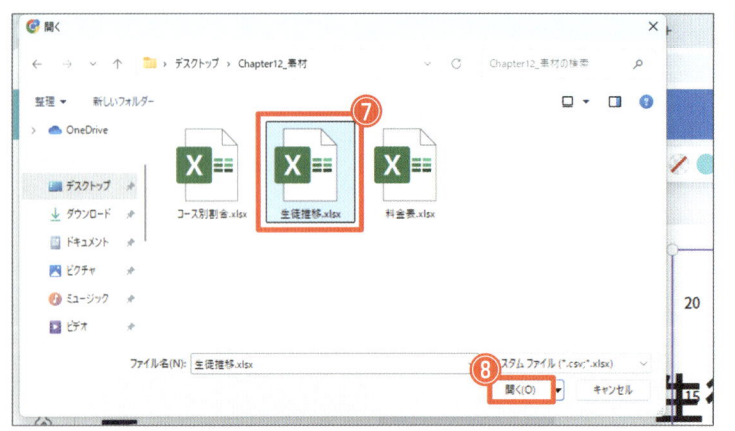

⑦ グラフに使用するデータを選択

ここでは、素材ファイル「生徒推移 .xlsx」を選択します。

⑧「開く」をクリック

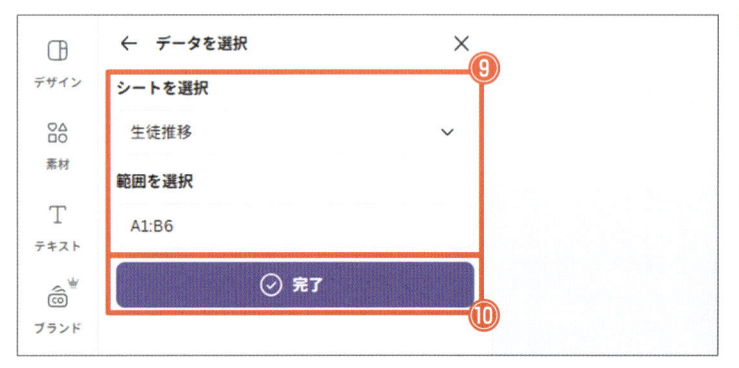

⑨ シートと範囲を確認

使用するデータ内のシートとセル範囲に間違いがないか確認します。

※ 今回は、「生徒推移」シートのセル A1 ～ B6 を使用します。

⑩「完了」をクリック

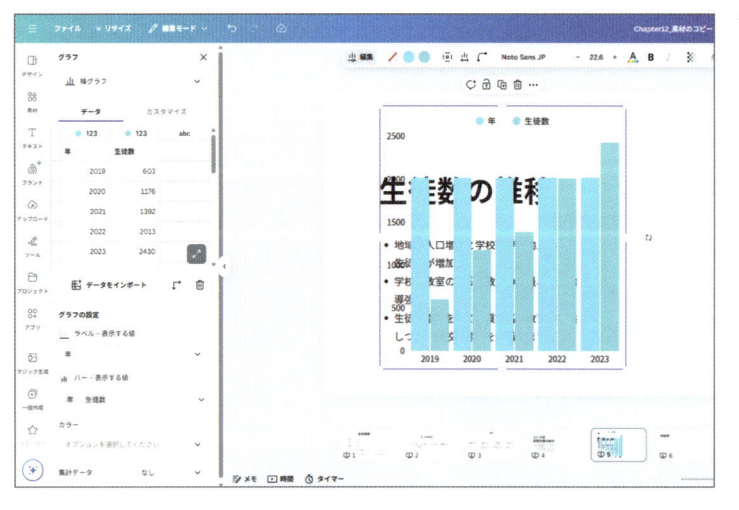

データの内容がグラフに反映されます。

> このデータでは、「年」の値（2019 や 2020 など）も数値として認識され、グラフに表示されています。
> 次ページ🖊の方法で、表示する値を修正しましょう。

グラフに表示する値を指定する

不要な値がグラフに表示されていた場合は、以下の方法で表示するデータを指定しましょう。

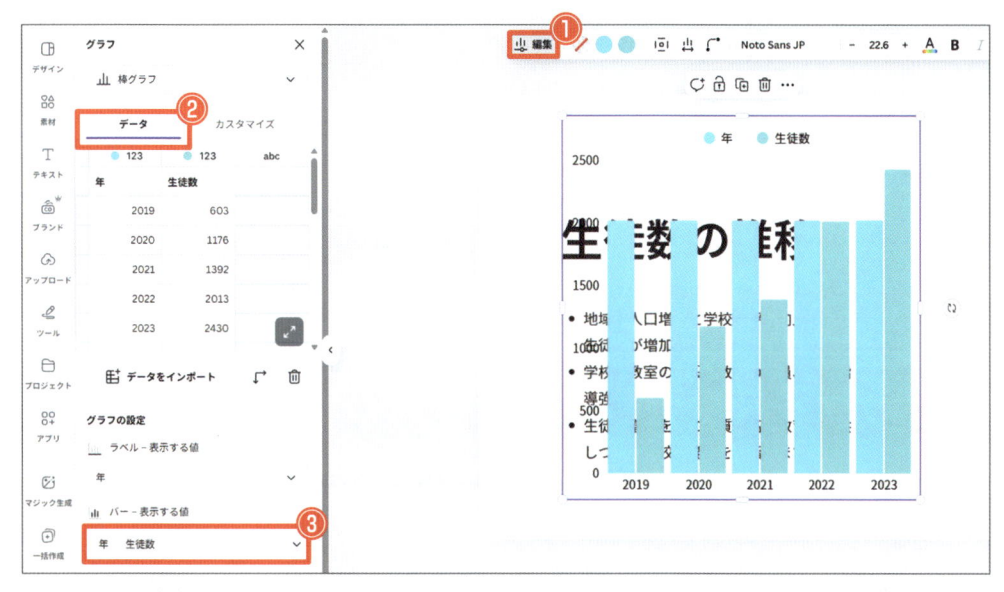

❶ 「編集」をクリック

❷ 「データ」タブをクリック

❸ 「バー - 表示する値」欄をクリック

❹ **表示する値にだけチェックを入れる**

ここでは、「年」のチェックを外し、「生徒数」だけが表示されるようにします。

グラフの移動

グラフを選択し、ドラッグ操作で移動します。

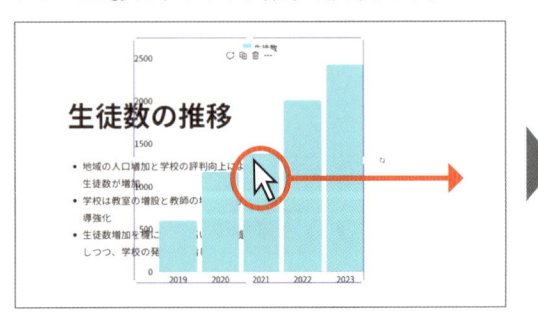 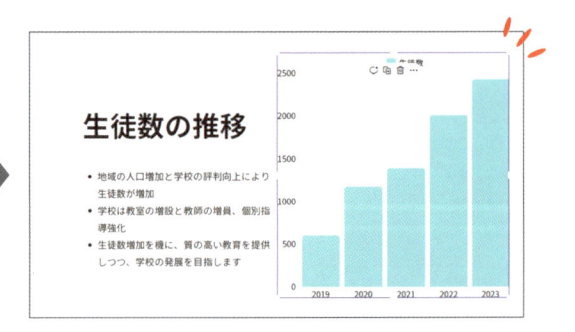

グラフのサイズ変更

グラフのサイズを変更する場合は、グラフを選択すると表示される四隅の〇をドラッグします。

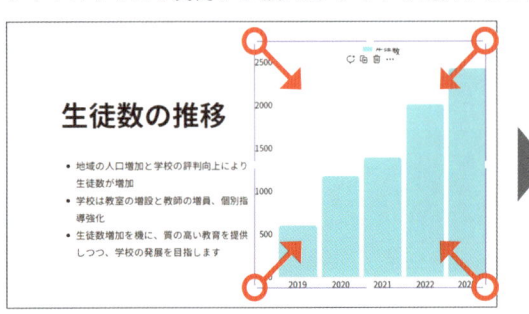 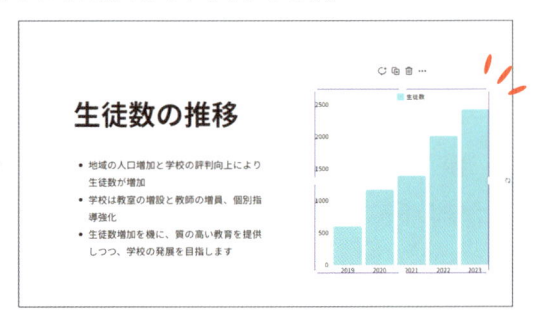

グラフの編集（色や形の設定）

グラフの色や形の設定を変更するときは、グラフを選択し、上部に表示されるメニューを使います。

※ メニューは、グラフの種類によって異なります。

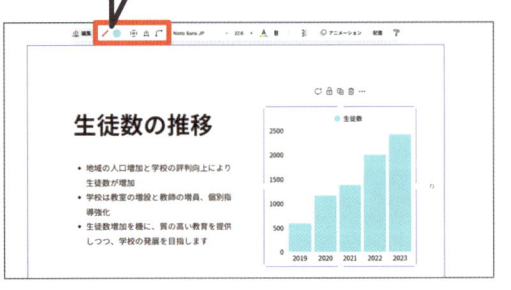 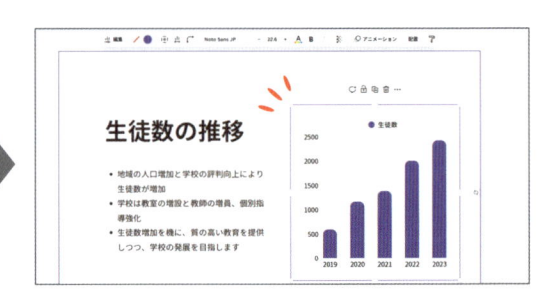

🖊️🔵 … **カラー**	｜◎｜ … **パディング**	📶 … **スペース**	⌐• … **丸み**
グラフの色を設定します。	グラフ領域の余白を調整します。	グラフ同士の間隔を調整します。	グラフの角の丸みを調整します。

文字の編集（フォントやサイズ、色などの設定）

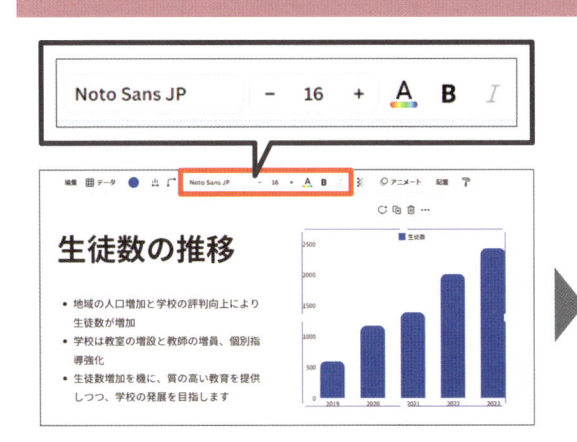

グラフ内の文字の設定を変更するときは、グラフを選択し、上部に表示されるメニューを使います。

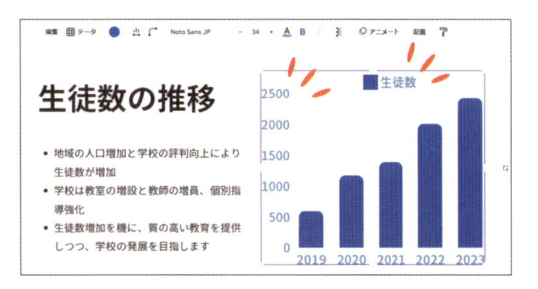

グラフの種類の変更

グラフの種類は、以下の方法で後から変更することができます。

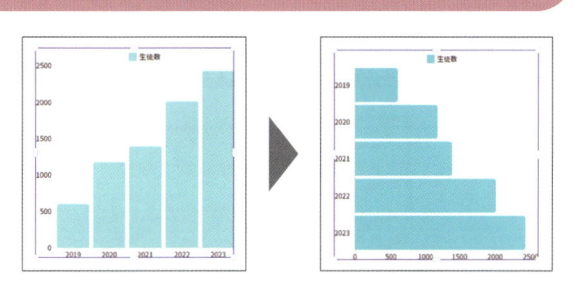

🖱 操作　グラフの種類を変更する

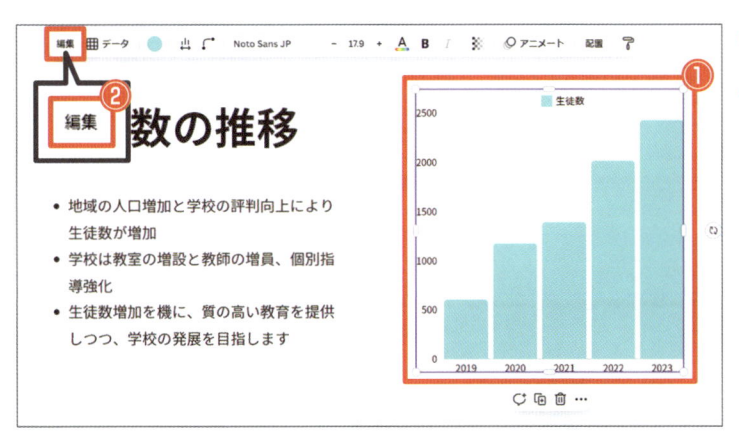

① グラフを選択

② 「編集」をクリック

③ 「〇グラフ」をクリック

※ 現在のグラフの種類が表示されています。

④ 目的のグラフをクリック

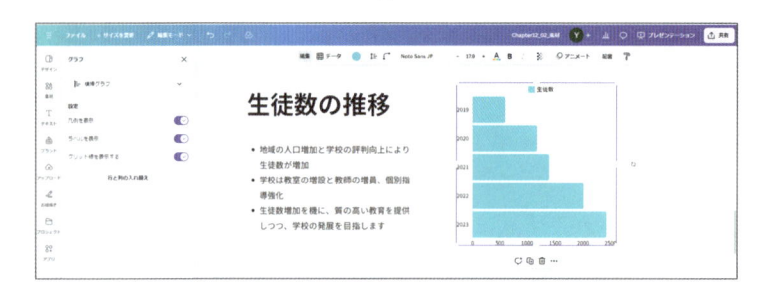

グラフの数値を編集する

グラフの数値は、Canva 上で後から編集することも可能です。

数値を変更すると、それに合わせて自動でグラフが修正されます。

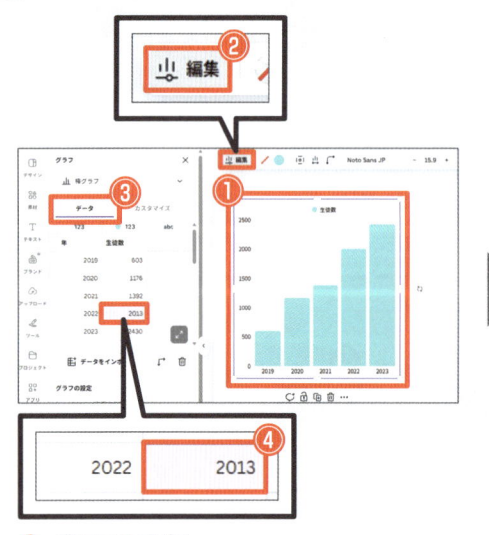

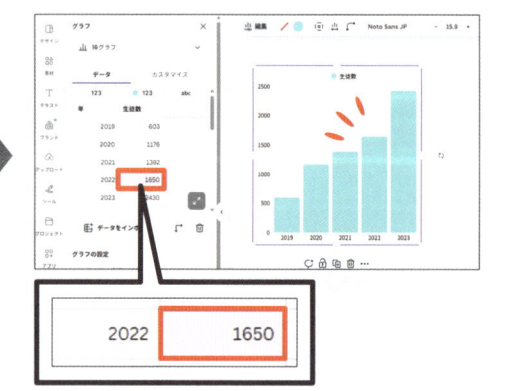

① グラフを選択

② 「編集」をクリック

③ 「データ」タブをクリック

④ 数値を修正

値の表示形式を変更する

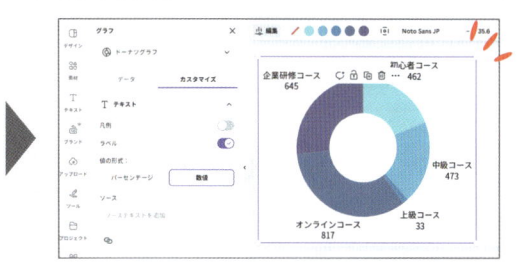

円グラフの場合、データの表示形式には「パーセンテージ」と「数値」の2種類があります。

このような場合は、以下の方法で表示形式を切り替えることができます。

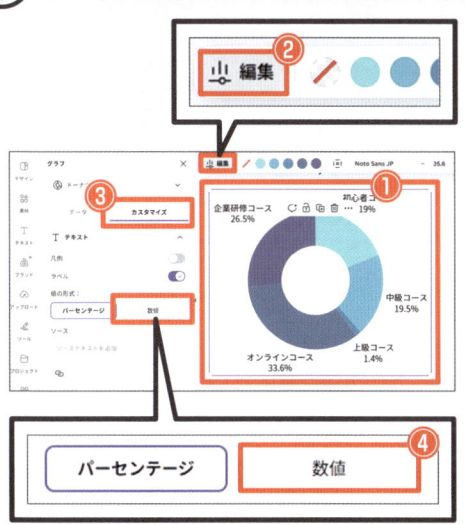

① グラフを選択

② 「編集」をクリック

③ 「カスタマイズ」タブをクリック

④ 値の形式を選択

Chapter 12

完成見本

「Chapter12_素材」の4ページ目と5ページ目にグラフを追加しましょう。

データには、素材ファイル「コース別割合.xlsx」「生徒推移.xlsx」を使用してください。

4ページ目のグラフの中央には、テキストボックスで「2023年2430人」と追加してください。

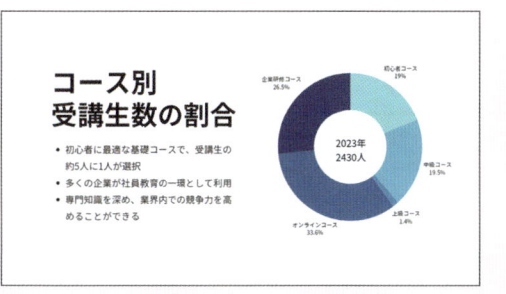

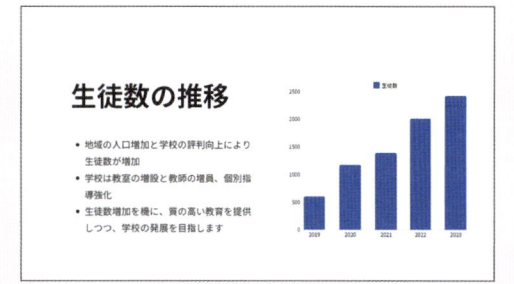

▶ 文字サイズやフォント、色など、詳細な設定については、テンプレート素材「Chapter12_03-04_完成見本」をご確認ください。

5 資料の仕上げとダウンロード

ここでは、資料を仕上げる際のポイントや便利な機能、適切なダウンロード方法などについて解説します。

- フォントを一括で変える
- 「グリッドビュー」でページを入れ替える
- 表紙は最後に作る
- PDF（標準）でダウンロードする

● フォントを一括で変える

Canva では、同じフォントが設定された複数の文字のフォントを、まとめて変更することができます。
資料のように複数ページにわたるものを作成する際に便利な機能です。

一括で変更できるのは、同じフォントが設定されている文字だけです。
異なるフォントが設定された文字には反映されないので注意しましょう。

フォントを一括で変更する

ここでは、「Chapter12_素材」内でフォント「Noto Sans JP」が設定されている文字のフォントを一括で変更します。

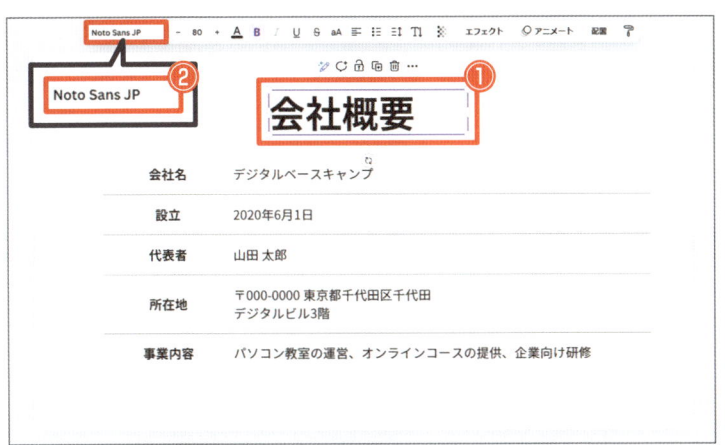

① テキストボックスを選択

② フォントのボタンを
クリック

③ フォントを選択

④ 「すべて変更」をクリック

フォント「Noto Sans JP」が設定されていた
すべての文字のフォントが変更されます。

文字の色を一括で変更する

前ページと同様の操作で、文字の色も一括で変更することができます。

●「グリッドビュー」でページを入れ替える

資料の内容が完成したら、伝える順番が適切かどうかを確認し、必要に応じてページの入れ替えを行います。

ページの入れ替えには、「グリッドビュー」を使用しましょう。

※ グリッドビューについては、Chapter08（P.126）参照

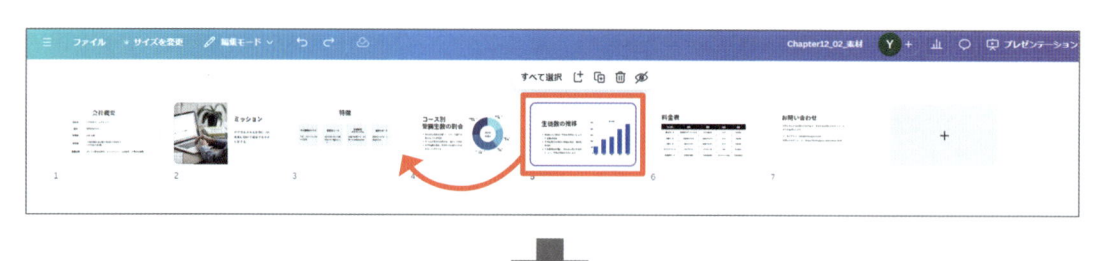

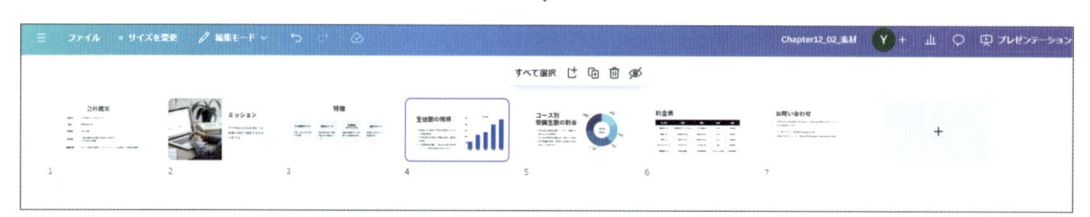

● 表紙は最後に作る

内容に合わせて表紙の文言を考えよう

表紙に記載するタイトルや文言は、資料の内容に合わせて考えると効率的です。表紙は、内容が完成した後に作成するようにしましょう。

> どんどん知識が身につくパソコン教室
>
> # デジタルベースキャンプ
> # 会社概要
>
> 2024年7月2日

 ## タイトルのデザインは内容の見出しと揃える

表紙に記載するタイトルの「フォント」や「サイズ」、「色」は、中の見出しと揃えるようにしましょう。
そうすることで、資料全体が統一感のあるデザインに仕上がります。

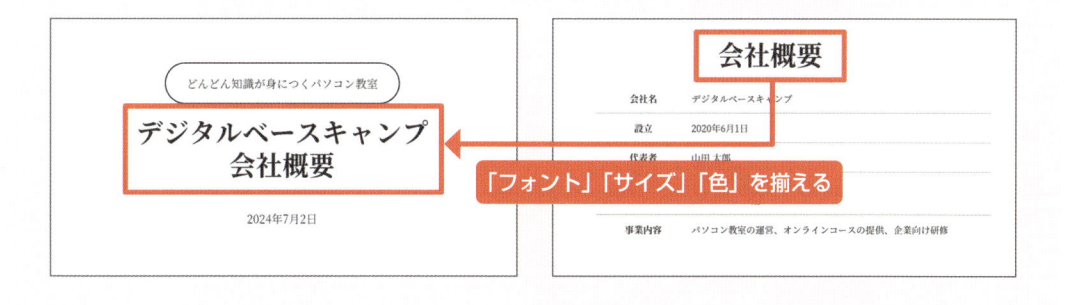

● PDF（標準）でダウンロードする

資料は、メールに添付したり、クラウド上で共有したりすることがよくあります。そういった資料は、PDF（標準）の形式が最適です。

※ ダウンロード方法については、Chapter05（P.60）参照

ダウンロードするページを指定する

ダウンロードするページは、個別に指定することができます。
資料の一部だけが必要な場合は、そのページだけを指定してダウンロードしましょう。

❶「すべてのページ」をクリック

❷ ダウンロードするページにだけ
　チェックを入れる

❸「完了」をクリック

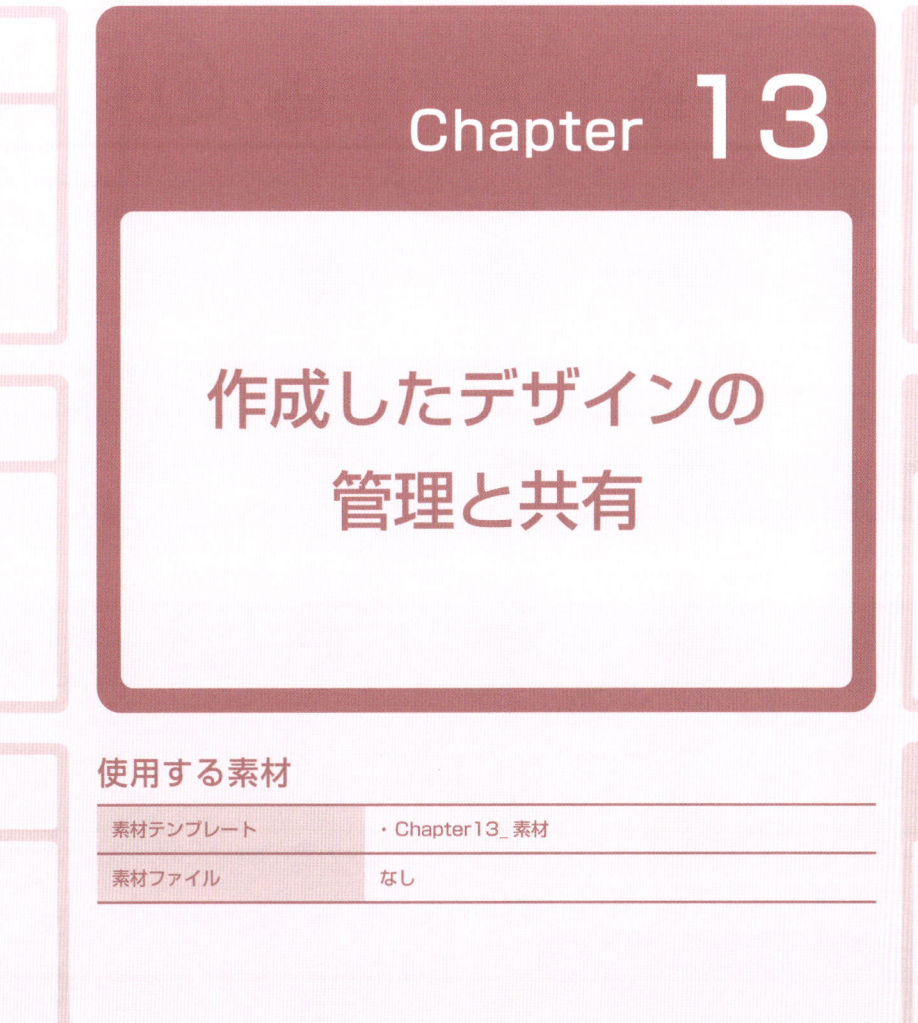

Chapter **13**

作成したデザインの管理と共有

使用する素材

素材テンプレート	・Chapter13_素材
素材ファイル	なし

1 デザインのダウンロード

印刷業者に出す「入稿データ」の作り方を確認しよう

入稿データとは、印刷業者に提出する最終的なデータのことです。作成したチラシや名刺を
印刷業者で印刷するためには、印刷業者向けの入稿データを作成する必要があります。
ここでは、入稿データに適した形式でデザインをダウンロードする方法ついて解説します。

デザインを作成

入稿データの形式でダウンロード

印刷業者に提出

入稿データとしてダウンロードする方法

- PDF（印刷）の形式で
  ダウンロードする
- 「塗り足し領域」を表示する
- 「PDF のフラット化」をしておく
- カラープロファイルを「CMYK」
  に設定する

● PDF（印刷）の形式でダウンロードする

チラシや名刺などの印刷物に適したファイル形式は、PDF です。

Canva には、ダウンロードできる PDF 形式に「PDF（標準）」と「PDF（印刷）」の 2 種類があります。印刷業者に発注する場合は、入稿データに適した「PDF（印刷）」の形式でダウンロードしましょう。

PDF（標準）… 一般的に使用する PDF 形式

パソコン・スマートフォンでの閲覧やメールへの添付、プリンターを使って自分で印刷する場合などに適しています。

PDF（印刷）… 入稿データに適した PDF 形式

塗り足し領域やカラープロファイルの変更など、印刷業者へ発注する入稿データとしての詳細な設定が行えます。

●「塗り足し領域」を表示する

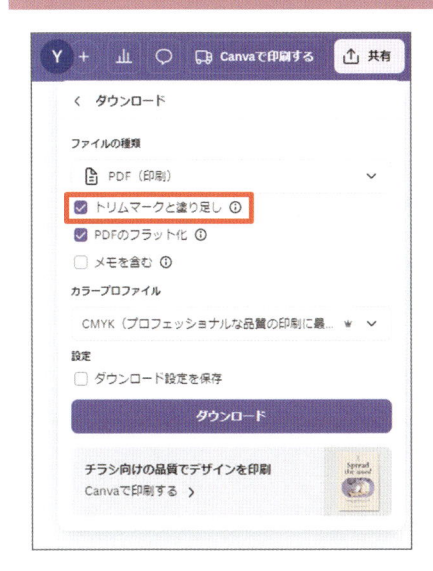

「塗り足し領域」とは、印刷時に裁断されるスペースのことです（P.173 参照）。入稿データには、この塗り足し領域を表示しておく必要があります。

入稿データとしてダウンロードする際は、「トリムマークと塗り足し」の項目にチェックを入れておきましょう。

＜入稿データ＞

トリムマーク
※ 裁断時の目印になるマークです。

塗り足し領域

● 「PDF のフラット化」をしておく

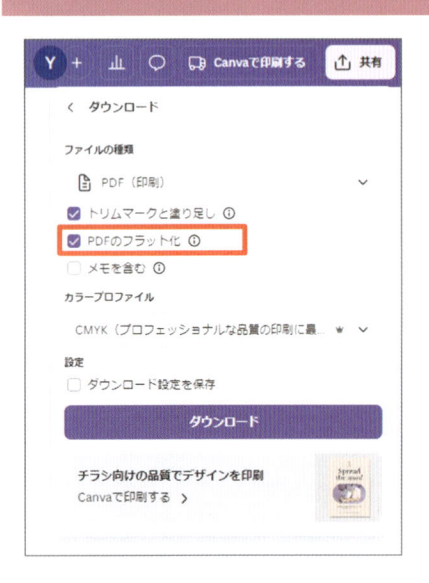

「PDF のフラット化」とは、デザイン全体を 1 つのオブジェクトにまとめることです。

この「PDF のフラット化」をしていないと、印刷時にフォントが変わったり、レイアウトがくずれてしまうことがあります。

入稿データとしてダウンロードする際は、「PDF のフラット化」の項目にチェックを入れておきましょう。

通常の PDF とフラット化された PDF の違い

フラット化されていない通常の PDF ファイルでは、文字データを選択したり、コピーできたりします。

一方、フラット化された PDF ファイルは、全体が 1 つのオブジェクトとして扱われるため、文字データを選択することができません。

<フラット化されていない PDF >

焼きたて・作りたてのパン屋さん
ベーカリーぽんぽん
風見市桜区夢町1丁目2-3（あさひ駅から徒歩5分）
営業時間：8:30〜19:00 定休日：水曜日

文字が選択できる
→ 印刷時にレイアウトが崩れる可能性あり

<フラット化された PDF >

焼きたて・作りたてのパン屋さん
ベーカリーぽんぽん
風見市桜区夢町1丁目2-3（あさひ駅から徒歩5分）
営業時間：8:30〜19:00 定休日：水曜日

文字が選択できない
→ 全体が 1 つのオブジェクトになっているので印刷時にレイアウトが崩れない

文字が選択できなければ
フラット化されている証拠！

● カラープロファイルを「CMYK」に設定する

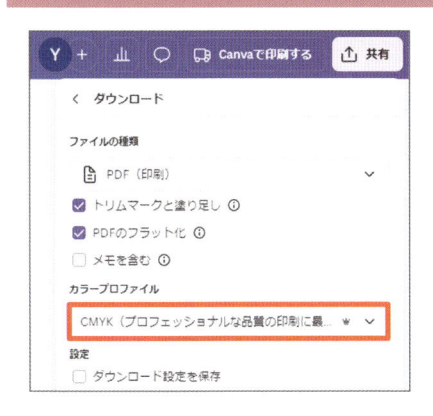

カラープロファイルとは、色を表現する方式のことです。
入稿データとしてダウンロードする際は、このカラープロファイルを「CMYK」に設定しておく必要があります。

「RGB」「CMYK」とは？

カラープロファイルには、「RGB」と「CMYK」という 2 種類の方式があります。

「RGB」とは、赤（Red）、緑（Green）、青（Blue）の光の三原色を組み合わせて色を表現する方式です。テレビやスマートフォン、パソコンなど、ディスプレイで表示するものに使われます。

一方、「CMYK」とは、シアン（Cyan）、マゼンタ（Magenta）、イエロー（Yellow）、ブラック（Key）の 4 つのインクを使って色を表現する方式です。紙の印刷に適した方式で、プリンターはこれらのインクを混ぜて印刷物に色を付けます。

RGB … デジタルデザイン

R Red
G Green
B Blue

CMYK … プリントデザイン

C Cyan
M Magenta
Y Yellow
K Key（Black）

👆 入稿前に実際に印刷して色の確認をする

CMYK でダウンロードしたデータを印刷すると、制作時にパソコンのモニターで見ていた色（RGB）と微妙に異なって見える場合があります。
CMYK でダウンロードしたデータは、印刷業者に提出する前に自分で印刷し、色に問題がないか確認するようにしましょう。

2 デザインの共有

Canvaで作成したデザインは、自分以外の人に共有して複数人で閲覧・編集できる状態にすることができます。
「作成したデザインをメンバーに見せたい」「上司に確認してもらいたい」など、他の人に共有したいときは、Canvaの共有機能を使いましょう。

メンバーに共有する

上司に確認してもらう

取引先に見せる

デザインを共有する方法

「共有」→「アクセスできるメンバー」を設定

デザインの共有は、エディター画面の右上の「共有」ボタンから行います。
いくつかの方法がありますが、ここでは「アクセスできるメンバー」を設定して特定の人にだけ共有する方法を紹介します。

■ Step1：メールアドレスを入力

「アクセスできるメンバー」の項目に、共有する
人のメールアドレス（Canva アカウントとして
登録されているもの）を入力します。

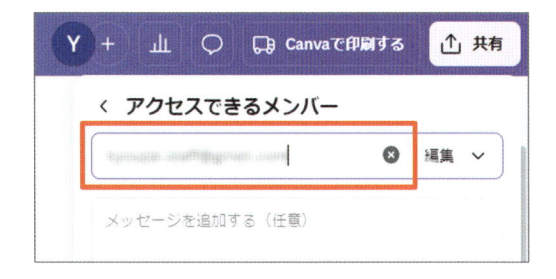

■ Step2：権限を設定

共有した人に与える権限（デザインに対して何
が行えるか）を設定します。

「編集可」は、あなたと同じように
自由に編集できる権限です。
デザインを編集されたくないとき
は、「コメント可」または「表示可」
を指定しましょう。

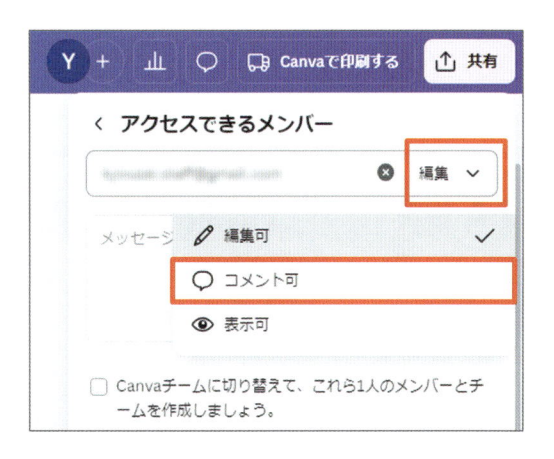

	デザインの編集	コメントの追加	デザインのダウンロード	デザインのコピー
編集可	○	○	○	○
コメント可	×	○	○	○
表示可	×	×	○	○

※ コメントについては P.211 参照
※ デザインのコピーについては P.215 参照

共有された側は、共有されたデザインをダウンロード、またはコピーをして、自分の
ものとして使用できるようになります。
社外の人に共有する場合など、ダウンロードやコピーをされたくない場合は、P.212
の「公開閲覧リンク」の利用も検討してください。

■ Step3：メッセージを入力して「共有」をクリック

共有相手へのメッセージを入力し、「共有」を
クリックすると、デザインの共有は完了です。
※ メッセージの入力は任意です。

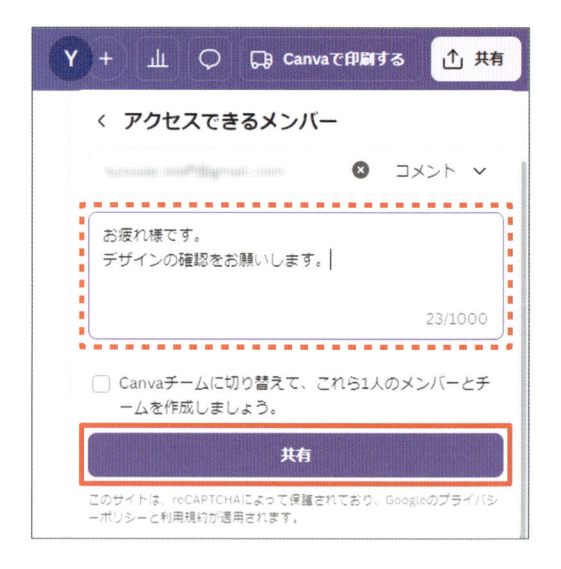

共有した相手にはメールが届く

デザインを共有すると、共有した相手の
メールアドレスに右のようなお知らせ
のメールが届きます。

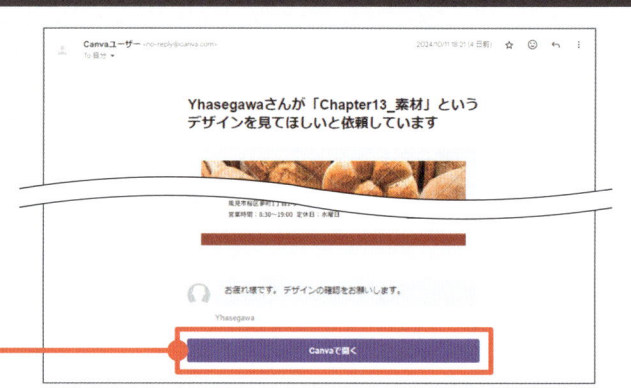

「Canva で開く」をクリックすると、
Canva でデザインが開きます。

共有を解除する

共有の解除は、「アクセスできるメンバー」
の編集画面で行うことができます。

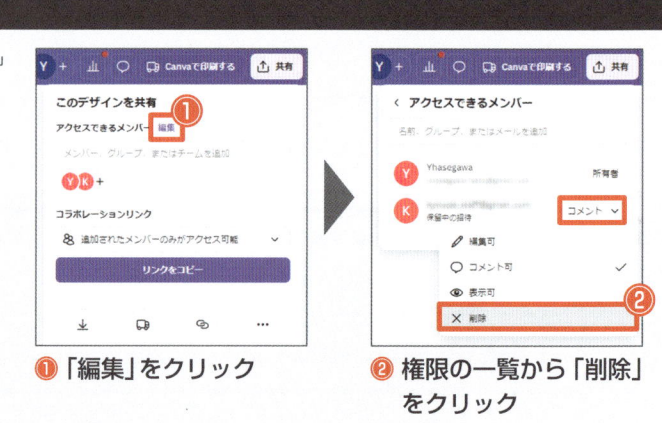

❶「編集」をクリック   ❷ 権限の一覧から「削除」
をクリック

デザインにコメントを追加する方法

Canva では、デザインに対してコメントを追加することができます。

修正の指示や相談、報告など、デザインを通して何か伝えたいときは、コメントを使用しましょう。

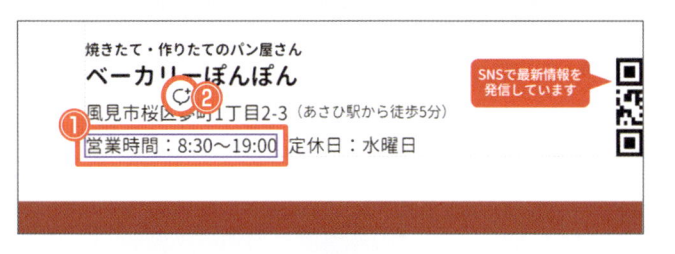

① オブジェクトを選択

② 🗨 をクリック

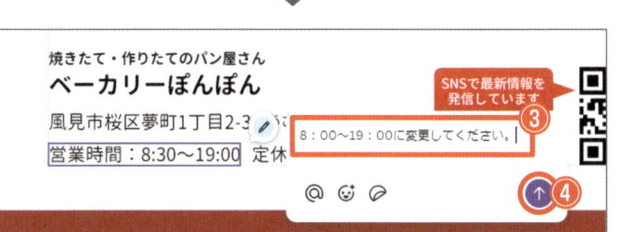

③ コメントを入力

④ ⬆ をクリック

デザインを共有するその他の方法

• アクセスレベル

「アクセスレベル」とは、共有したいデザインへの
リンク（URL）のアクセス範囲をコントロール
するための設定です。

既定では「あなただけがアクセス可能」に設定され
ていますが、これを「リンクを知っている人全員」
に変更すると、リンクを教えた人全員がデザインに
アクセスできるようになります。

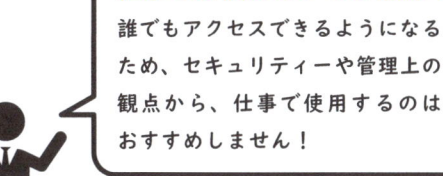

仕事では使わないのが無難！
誰でもアクセスできるようになる
ため、セキュリティーや管理上の
観点から、仕事で使用するのは
おすすめしません！

・公開閲覧リンク

「公開閲覧リンク」は、作成したデザインを誰でも
閲覧できるようにするリンクです。
「表示可」と異なり、デザインのダウンロードやコピー
を行うことはできません。

・テンプレートのリンク

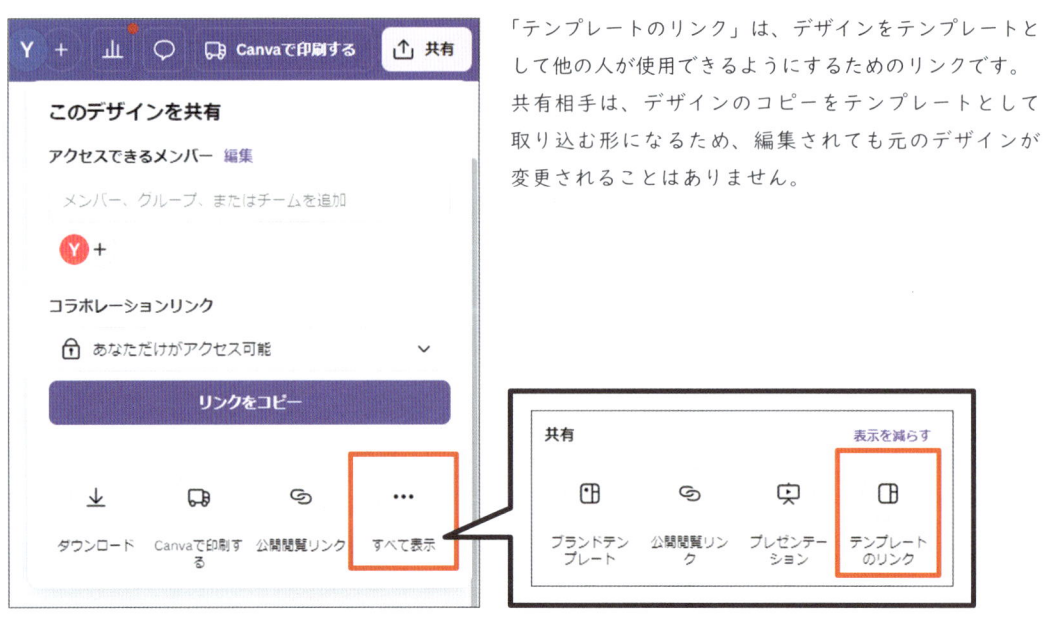

「テンプレートのリンク」は、デザインをテンプレートと
して他の人が使用できるようにするためのリンクです。
共有相手は、デザインのコピーをテンプレートとして
取り込む形になるため、編集されても元のデザインが
変更されることはありません。

本書で使用している素材テンプレートは、
この方法で皆さんに共有しています。

Chapter 13

3 デザインの管理

作成したデザインが増えてくると、「プロジェクト」画面の一覧がゴチャゴチャになり、何が
どこにあるのかわからなくなってしまいます。
ここでは、作成したデザインを整理するための機能について紹介します。

デザインに名前を付ける

デザインの名前は、以下の方法で変更することができます。

後から見つけやすいように、わかりやすい名前を付けましょう。

🖱 操作　デザインに名前を付ける

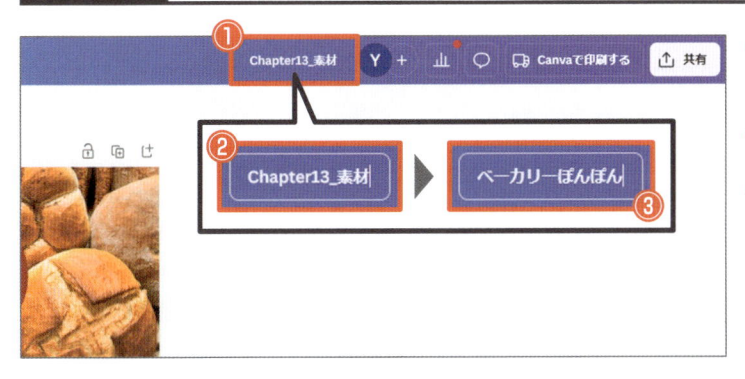

❶ エディター画面右上のデザイン名をクリック

❷ デザイン名を編集

❸ 「Enter」キーを押して確定

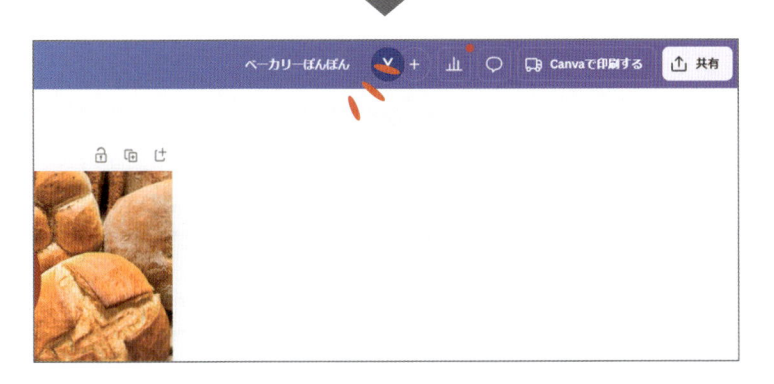

デザインに名前を付けるその他の方法

デザインの名前は、以下の方法でも編集することができます。

「ファイル」メニューから名前を編集

エディター画面の「ファイル」をクリックし、メニュー
上部のデザイン名を編集します。

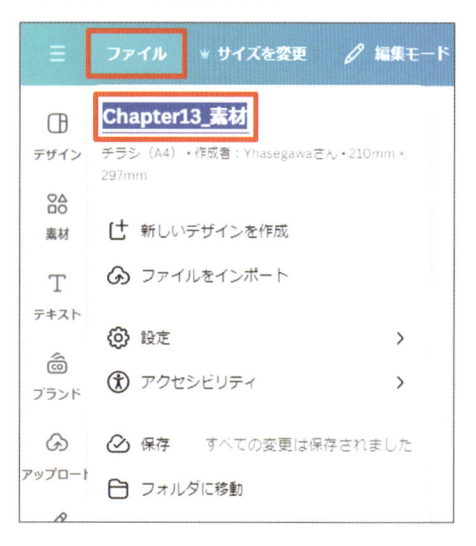

「ホーム」画面で名前を編集

「ホーム」や「プロジェクト」の画面では、サムネイルの
下にあるデザイン名を直接編集することができます。

ページに名前を付ける

複数ページにわたるデザインの場合、ページごとに名前を付けることができます。

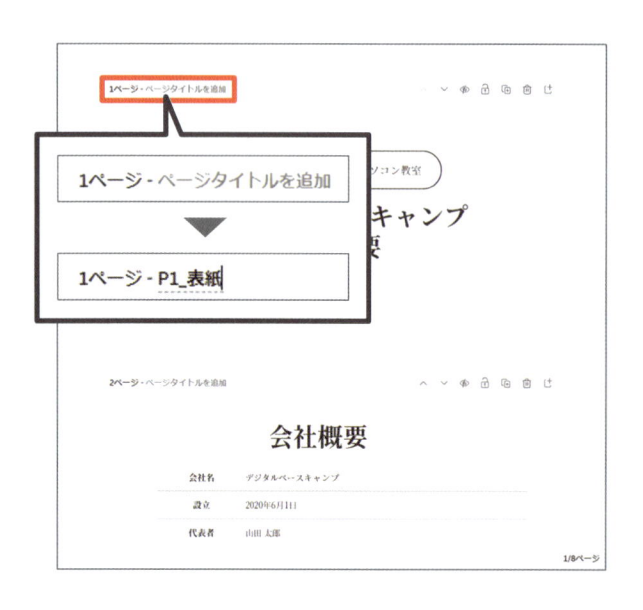

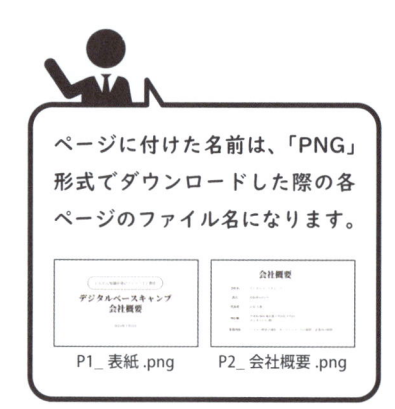

ページに付けた名前は、「PNG」
形式でダウンロードした際の各
ページのファイル名になります。

P1_ 表紙 .png 　 P2_ 会社概要 .png

デザインをコピーする

元のデザインを残しておきたいときに！

仕事では、過去に作成したデザインを利用して新しくデザインを作成することがよくあります。そのような場合は、デザインをコピーして作成しましょう。

ベーカリーぽんぽん　　　　　　ベーカリーぽんぽんのコピー

元のデザインは残す　　　　　　**コピーしたものを作り変える**

> コピーせずにそのまま作り変えると、元のデザインがなくなってしまいます。
> 必ずコピーしたものを使って作成し、元のデザインはバックアップとして残しておきましょう。

🖱 操作　デザインをコピーする

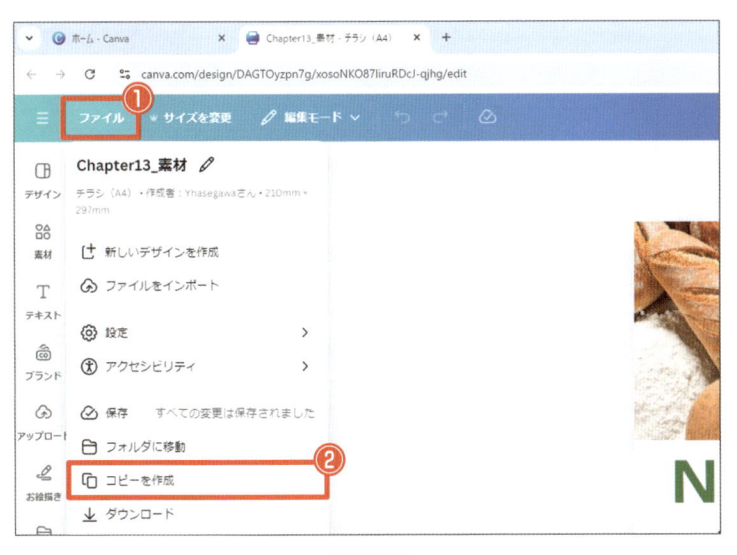

❶ 「ファイル」をクリック

❷ 「コピーを作成」をクリック

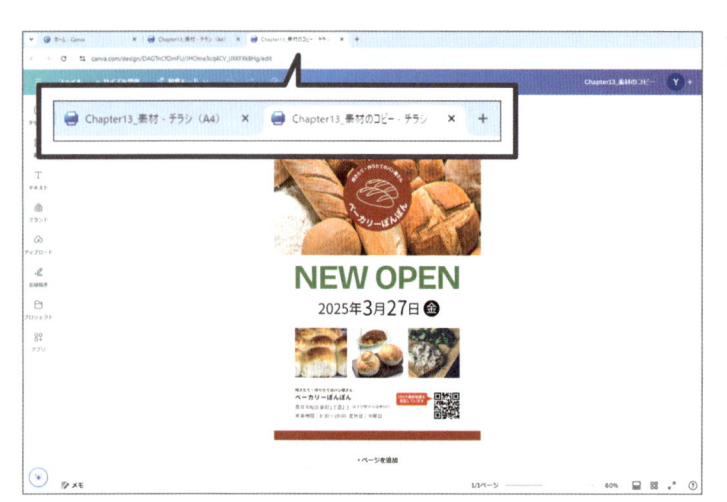

デザインのコピーが作成され、別のタブで表示されます。

デザインをコピーするその他の方法

サムネイルのメニューからコピー

「ホーム」や「プロジェクト」の画面では、サムネイルの ••• をクリックして表示されるメニューからデザインをコピーすることができます。

デザインをフォルダーで分ける

Canva では、パソコンと同じように「フォルダー」を作成することができます。
デザインが増えてきたら、必要なものが見つけやすいようにフォルダーで分けて管理しましょう。

フォルダー名には、プロジェクトや取引先の名前を付けて
管理するのがおすすめです。

🖱 操作　フォルダーを作る

❶ 「プロジェクト」をクリック

❷ 「新しく追加」をクリック

❸ 「フォルダー」をクリック

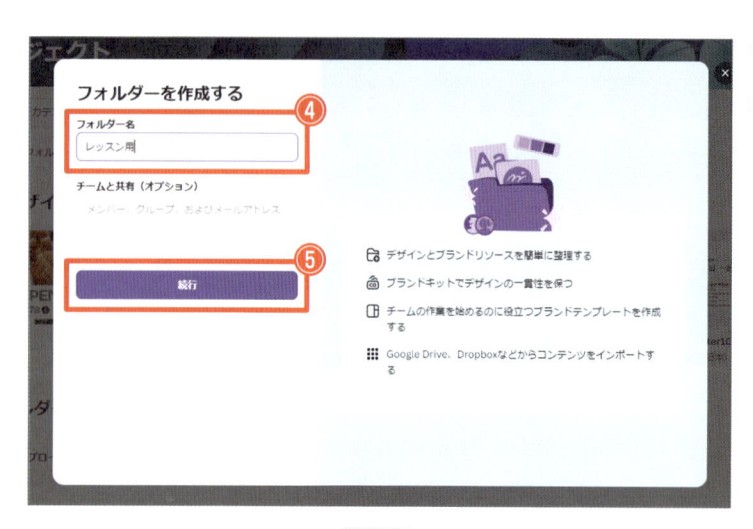

④ フォルダー名を入力

⑤ 「続行」をクリック

🖱 操作　デザインをフォルダーに入れる

① サムネイルの […] をクリック

② 「フォルダに移動」をクリック

③「すべて」をクリック

④「プロジェクト」をクリック

⑤ 移動先のフォルダーを
クリック

⑥「フォルダーに移動」を
クリック

Chapter 13

複数のデザインをまとめてフォルダーに移動する

デザインは、以下の方法で複数をまとめてフォルダーに移動することができます。

❶ 移動するデザインすべてにチェックを入れる

❷ をクリック

以降は前ページの手順❸～❻と同じ操作です。

デザインをゴミ箱に移動する

「ゴミ箱」は、不要になったデザインや画像などを入れるフォルダーです。
使用することのないデザインや画像は、ゴミ箱に移動しましょう。

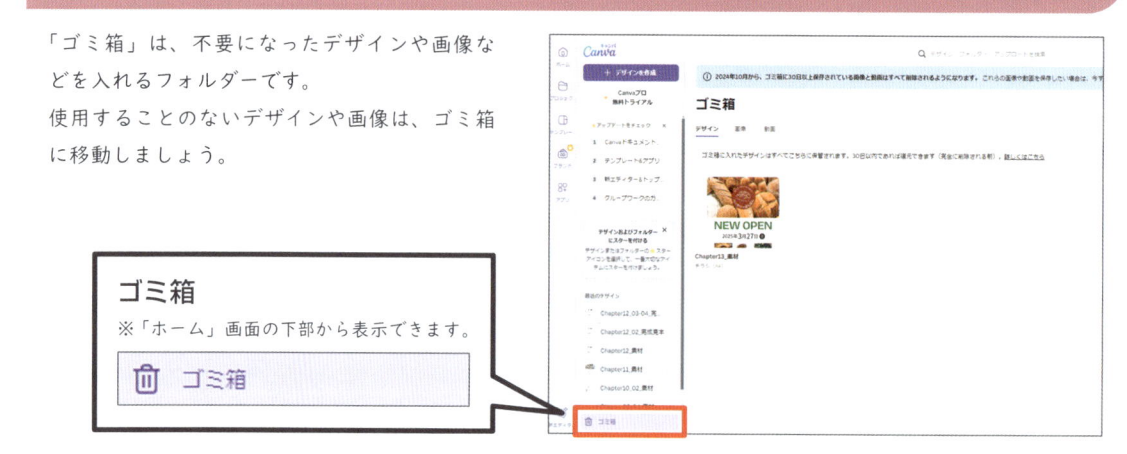

ゴミ箱
※「ホーム」画面の下部から表示できます。

🗑 ゴミ箱

ゴミ箱に入れたものは、**30日経つと完全に削除**されます。
30日以内であれば、元の場所に復元することが可能です。（次ページ参照）

Chapter 13

① サムネイルの ⋯ をクリック

② 「ゴミ箱へ移動」をクリック

ゴミ箱に入れたデザインを復元する

ゴミ箱に入れたデザインや画像は、30日以内であれば以下の方法で元に戻すことができます。

① 「ゴミ箱」を表示

② サムネイルの ⋯ をクリック

③ 「復元する」をクリック

索　引

索引

山本和泉　Canva Japan 認定講師

「自分たちで運営できるウェブ環境づくり」をモットーに、クライアントのニーズに合わせたコンサルティングから企画制作、運用アドバイス業務のほか、執筆やウェブ制作に関する講座も多く担当し、特に初心者向けの解説が得意。
ウェブデザイナー / ウェブ解析士・上級 SNS マネージャー / ジンドゥー Expert/
デジタル庁デジタル推進委員

あしたの仕事力研究所

「あしたの仕事力研究所」は、実務スキルの習得と検定等の提供を通じ、企業で働く人材育成を支援します。また、社会の変化に対応した様々な働き方の可能性を高めるコンテンツの提供を行っています。

イチからはじめる
Canva ビジネス活用入門

2024 年 12 月 16 日　　第 1 版 第 1 刷発行
2025 年 6 月 3 日　　　第 1 版 第 3 刷発行

著　　　　者	山本和泉、あしたの仕事力研究所	
編　　　集	田村規雄	
発　行　者	浅野祐一	
発　　　行	株式会社日経 BP	
発　　　売	株式会社日経 BP マーケティング	
	〒 105-8308　東京都港区虎ノ門 4-3-12	

装　　　丁	奈良岡菜摘
本文デザイン	一般社団法人あしたの仕事力研究所
制　　　作	一般社団法人あしたの仕事力研究所
印　刷・製 本	TOPPAN クロレ株式会社

ISBN978-4-296-20694-0

書籍に関するお問い合わせ、乱丁・落丁などのご連絡は下記にて承ります。
ps://nkbp.jp/booksQA